讨好型人格

想让所有人喜欢自己有错吗

杜华楠 —— 著

中国纺织出版社有限公司

内 容 提 要

为了获得认可与赞赏，总是把他人的感受放在首位，不断察言观色，满足别人的期待，甚至不惜牺牲自己的利益；面对冲突与纷争，小心翼翼地维系和谐的氛围，不敢表达真实的想法，即使内心万般挣扎，也始终以"没关系""我不介意"来回应他人。这种现实中的讨好型人格者，看似处处为他人着想，却常常被人轻视、遭受鄙夷，甚至被人欺压。

本书从讨好型人格者的日常生活表现入手，清晰地勾勒出这一人格的主要特征。读者可以轻松识别出自己是否具有讨好型人格特质，了解讨好背后的心理症结，并掌握一系列实用的行为改变和心理疗愈指南，有效摆脱讨好型行为的困扰，建立健康的个人边界和平等的人际关系，踏上自我觉醒与个人成长的旅程。

图书在版编目（CIP）数据

讨好型人格：想让所有人喜欢自己有错吗 / 杜华楠著. -- 北京：中国纺织出版社有限公司，2025.2.
ISBN 978-7-5229-2310-9

Ⅰ.B848-49

中国国家版本馆CIP数据核字第2024WZ2555号

责任编辑：郝珊珊　　责任校对：高　涵　　责任印制：储志伟

中国纺织出版社有限公司出版发行
地址：北京市朝阳区百子湾东里A407号楼　邮政编码：100124
销售电话：010—67004422　传真：010—87155801
http://www.c-textilep.com
中国纺织出版社天猫旗舰店
官方微博 http://weibo.com/2119887771
天津千鹤文化传播有限公司印刷　各地新华书店经销
2025年2月第1版第1次印刷
开本：880×1230　1/32　印张：6.75
字数：166千字　定价：58.00元

凡购本书，如有缺页、倒页、脱页，由本社图书营销中心调换

前言

当你感觉生活如沉重的巨石，人际关系如纷乱的丝线，让你感到疲惫不堪时，你是否曾停下脚步，审视过自己与他人的相处模式？是否有那么一刻，你发现自己总是在努力地迎合讨好周围的人，即使这意味着要压抑自己的真实感受、牺牲自己的利益，可是为了换取他人的认可与喜爱，你仍然选择委曲求全？

如果你的回答是肯定的，那么你可能正面临着"讨好型人格"的困境。

讨好型人格不是人格障碍，而是一种潜在的不健康行为模式，心理咨询师雅基·马森将这种不断委屈自己、迎合他人的行为称为"可爱的诅咒"。每一个讨好者都像是被下了"诅咒"——只允许自己单向地付出，却剥夺了自己接受帮助和关爱的权利。

讨好型人格者常常以他人的需求为先，压抑自己真实的想法与个性；因为害怕被讨厌，担心成为不受欢迎的对象，故而不敢拒绝他人，更不敢开口向他人提要求；一旦遇到冷场或冲突，就算不是自己的错，为了息事宁人也会

讨好型人格
想让所有人喜欢自己有错吗

主动道歉……他们原以为,讨好就会被喜欢,讨好就会被善待。可惜,现实是残酷的,委曲和牺牲换不来任何真心与感激。你越讨好,别人越轻贱你;你越隐忍,别人越欺负你。

为什么有些人只是帮一点小忙,却能获得他人的感激涕零?为什么讨好者两肋插刀,却被众人视为理所应当?为什么时时处处替他人着想,却还不及一个处处蛮横、偶尔为善的人?

原因很简单,当你习惯讨好别人时,别人也习惯让你讨好;当你忽视自己时,别人也会冷落你。你用言行告诉所有人——我不重要,你不需要在意我的感受,你让我做什么都可以。

讨好,其实是内心自我贬低的投射。

因为缺少自我认同、妄自菲薄,才会百般迎合讨好,因为只有不断地取悦他人,才能赢得他人的青睐。然而,这种错误的认知只会让讨好者在他人眼中变得可有可无,成为他人盘中的"鸡肋"。真正的爱,从来不是靠交换得来的。试图用委曲和讨好去换取他人的爱,其实是在自贬身价,也是在剥夺自己获得尊重与平等对待的机会。

如何打破这种讨好的枷锁,找回真实的自我呢?

第一步,拥抱真实的自己。

讨好不是你的错,也不是你应当背负的枷锁。每个人都是环境的产物，是过往的经历塑造了我们。那些一次次的迎合与讨好，是你无意识中对过往创伤的重复。你需要正视那些束缚你的信念，理解那些你不得不为之的妥协，然后拥抱真实的自己，摆脱那份不必要的愧疚和自责。

第二步，打破错误的认知。

成长总是伴随着艰辛，每一次的蜕变都需要我们去面对痛苦。你需要打破那些错误的认知，改变那些已经根深蒂固的行为模式，并在想要退缩的瞬间，勇敢地鼓励自己继续前行。但请相信，这些挑战与努力将是你人生中最宝贵的财富。

第三步，关注自己的感受。

你要学会关注自己的内心感受。当不再害怕被讨厌，不再担心成为不受欢迎的对象时，我们才能勇敢地表达自己的想法和感受，活出自己的精彩。同时，我们也需要学会接受他人的帮助和关爱，让自己在爱与被爱的关系中成长和进步。

第四步，改变行为的模式。

当你终于冲破内心的桎梏，当你选择勇敢地面对改变，你会发现，你的思维、你的行动，甚至你的人生，都将焕发新的光彩。这些改变可能并不巨大，也许只是在会议上的一次坚定发言，或者是对朋友周末邀约的一次真诚回绝，抑或是按照自己的喜好选择了一份吃食。

不要小看这些微不足道的瞬间，勇敢地表达自己的观点、无畏地拒绝那些不合理的请求、尊重并珍视自己的真实感受，不仅是一个选择，更是一种信念的体现——"我不惧怕他人的眼光""我不需要赢得所有人的喜爱""我有权利追求我想要的生活""我，以及我的感受，都无比重要"。当你开始重视自己，重塑自己的认知和行为时，你将发现生活真正朝向你期待的方向改变。

杜华楠

2024 年元旦

目录

情景 1　总是不由自主地取悦他人
——讨好者的诅咒：寻求认可　001

　　Ada 的剧本：你爱我像谁，我就扮演谁　001
　　取悦的背后是寻求认可　003
　　被误读的剧情：讨好才会被喜欢　005
　　放下让所有人喜欢自己的执念　009
　　越卑微讨好，越被人轻视　014
　　摆脱对认可的过度依赖　017

情景 2　过分关注别人的情绪感受
——讨好者的诅咒：过度共情　021

　　Ken 的剧本：心系他人笑，独守自己伤　021
　　你是过度共情的讨好者吗　023
　　共情不是必须做到的任务　026
　　保护自己，避免共情疲劳　029
　　停止吸食他人的情绪　032
　　爱自己和爱他人不冲突　036

讨好型人格
想让所有人喜欢自己有错吗

情景 3　为别人的一句话难受一整天
——讨好者的诅咒：过度思虑　| **041**

　　Cindy 的剧本：台词有限，内心戏超多　041
　　高情商沟通者 vs 无意识讨好者　043
　　为什么你对别人的情绪格外敏感　047
　　错误的假设：别人不高兴是因为我　050
　　如何才能减少负面的过度解读　053
　　别过度自省，你没有那么糟糕　057

情景 4　心里想说"不"，嘴上却说"是"
——讨好者的诅咒：害怕拒绝　| **063**

　　Sam 的剧本：恐"拒"者的蜕变　063
　　不敢拒绝的人，到底在怕什么　065
　　被拒者的痛苦不是你造成的　069
　　熟人面前，坦诚胜过借口　072
　　拒绝不是自私，甩掉道德绑架　076

情景 5　总是默默承受，不敢提要求
——讨好者的诅咒：压抑需求　| **081**

　　Ella 的剧本：无声的渴求　081
　　为何表达需求让你感到羞耻　083
　　别用"吃亏是福"安慰自己　086

打破潜意识里的"我不配"　089
提升自己的满足感与配得感　093

情景 6　和谁在一起都会受委屈
——讨好者的诅咒：缺少边界　097

Yuki 的剧本：受伤的天使　097
为什么谁都敢欺负你　099
设定心理边界的四个效用　101
和朋友谈论边界会伤感情吗　106
亲密爱人也需亲密有间　110
终结角色颠倒的亲子关系　116
别只顾着在职场中赔笑脸　122
如何应对没有边界意识的人　126

情景 7　为不属于自己的错误道歉
——讨好者的诅咒：回避冲突　133

Martin 的剧本：沉默的守护者　133
为什么你总是害怕与人冲突　134
回避冲突是一条难走的路　138
隐忍不能免去所有的麻烦　140
看见愤怒情绪的积极意义　143
改变畏惧冲突的心理模式　145
练习用恰当的方式处理冲突　149

情景 8　隐藏真实的情绪感受
——讨好者的诅咒：伪装自我　　**151**

Ailey 的剧本：态度娃娃　　151
微笑是讨好者的人格面具　　153
理想化自我是一种防御　　157
摘下面具，直面真实的自己　　159
允许自己流露负面的情绪　　162
被压抑的情绪并不会消失　　164
不必为拥有欲望感到罪恶　　168

情景 9　别人没有开口，主动伸出援手
——讨好者的诅咒：被动内疚　　**173**

Momo 的剧本：帮不上你，我很难过　　173
过度负责不是一件好事　　175
坐视不理就是在伤害对方吗　　178
不是所有的内疚都是必要的　　180
打破被动内疚的恶性循环　　182

情景 10　对他人很宽容，对自己很苛刻
——讨好者的诅咒：自我苛责　　**185**

Nancy 的剧本：都是我不好　　185
罪责归己是一个思维陷阱　　186

目录

别让过去吞噬你的现在　189
像善待朋友一样善待自己　192
做不到完美也没有关系　196
把"必须"换成"可以"　199

情景 1　总是不由自主地取悦他人
——讨好者的诅咒：寻求认可

♥ Ada 的剧本：你爱我像谁，我就扮演谁

> 我就像一只变色龙，总在忙着换皮肤，只为讨好所有过路的蝴蝶。

"我什么都没有，只是有一点吵，如果你感到寂寞，我带给你热闹……其实我很烦恼，只是你看不到，如果我也不开心，怕你转身就逃……其实你爱我像谁，扮演什么角色我都会，快不快乐我无所谓，为了你开心我忘记了累不累……"Ada 的手机铃声响起，一首《你爱我像谁》唱出了她的人生。

在复杂的社交舞台上，每个人都扮演着不同的角色，对于习惯讨好他人、以满足他人期望为生活重心的 Ada 来

说，别人的眼光和期望是导演，导演喜欢什么、需要什么，她就努力去扮演对应的角色。

Ada 的父母对她抱有极高的期望，凡事都希望她能做到足够出色。她很早就学会了察言观色、投其所好，努力博得父母的欢心，说他们喜欢的话，做他们喜欢的事。这种习惯逐渐渗透进她的骨髓，成为她性格中难以割舍的一部分。

上学的时候，Ada 是老师眼中的好学生，更是同学喜欢的"好朋友"。她总是早早地来到教室，帮班里擦黑板、整理桌椅；她会耐心倾听同学的烦恼，给他们安慰和建议；如果有人需要帮忙，Ada 总是第一个伸出援手。

步入社会以后，Ada 依旧延续着讨好的模式，主动帮同事分担工作，接手别人不愿意做的事情，希望用这样的方式获得同事和领导的认可。Ada 觉得自己就是一个演员，在不同的情境之下，根据他人的需要扮演不同的角色。她不惜委屈自己、违背意愿，只要能得到一句"你这个人真好"的认可，便觉得没有白白付出。

试图让所有人满意，试图让所有人都喜欢自己，这仿佛是 Ada 生活的唯一目标。在她的剧本里，她多半时间都是面带微笑、乐于助人的"好人"角色，无论对方提出什么要求，她都会尽力满足；还有少数的时间，她是默默承受、不敢表达真实想法的"隐形人"角色，即使心中有再多的不满和委屈，也只会独自忍受。

情景 1
总是不由自主地取悦他人

Ada 不喜欢这样的自己,甚至还有点儿厌恶。她也有想偷懒的时候,也有不耐烦的时候,也有不想帮助别人的时候。她很羡慕那些"我行我素"的人——他们似乎完全不在意别人怎么想、怎么看,也许得不到那么多"好评",但他们活得轻松自在。

他人的期望与 Ada 的讨好行为构成了一场永无止境的探戈。有时她会觉得自己"不可理喻",想不明白为什么自己如此在意他人的评价。她在剧本里找寻自己存在的意义,可又觉得这是一个困局——她一直在按照他人的喜好去饰演不同的角色,从未做过真实的自己。

取悦的背后是寻求认可

如果让你为讨好者设计一幅画像,你认为它应该是什么样的?

美国家庭治疗专家维吉尼亚·萨提亚,在其著作《萨提亚家庭治疗模式》中描绘出的讨好者姿态是这样的:单膝下跪,左手放在胸口,或许这样可以显得更谦卑一些,起码他是这样想的;高高举起的右手,看起来像是在给予,

> 可是仔细端详，又像是在索取。

既像给予，又像索取，这样的描绘像极了讨好型人格者在人际交往中的样子。

讨好者常常会主动为别人提供帮助、关心和支持，表现出一种慷慨和无私的姿态；凡事都会主动替别人着想，满足他人的需求和期望。这些取悦的做法很容易被误认为是"利他"，但其实讨好者并没有表面看上去那么无私。

无私的利他主义是出于对他人的真正关心和帮助，没有功利性的动机，不考虑自己的利益或回报；而讨好者的行为带有很强的功利性，他们是为了博得好感或讨人喜欢才刻意做出取悦行为，通过满足他人的需求或期望来获取某种回报。

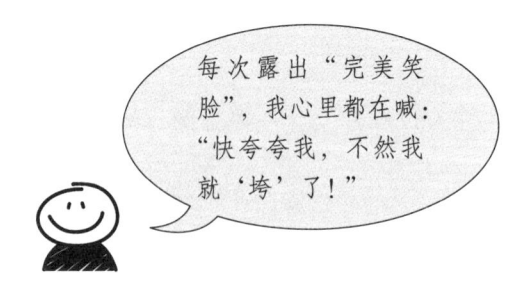

> 每次露出"完美笑脸"，我心里都在喊："快夸夸我，不然我就'垮'了！"

拼命取悦他人的背后，隐藏着讨好者对于被认可、被接纳、被重视的强烈渴望。从某种意义上来说，讨好者的姿态更像是一种索取，因为不敢直接表达自己的需求，故而采取一种迂回的方式,通过给予他人好处,换得对方的喜爱、尊重和感激,间接满足自己的需求。

讨好行为最令人心酸的地方在于,一旦开始便意味着没有尽头。

当讨好者被外界贴上善良、温柔、体贴、温暖等"好人"标签后,往往会不自觉地陷入一种循环,即持续地回应这些标签,以满足他人对自己的期待。他们会不断地评估自己在他人心中的位置,担心自己是否足够受欢迎,是否能够满足他人的期望。

为了获取外界的认同和接纳,讨好者会主动地调整自己的情绪和行为,以迎合他人的喜好和愿望。这种持续的迎合让他们倍感压力却又无法摆脱,担心一旦不按照别人的期望行事,就会毁掉给他人留下的好印象。

被误读的剧情:讨好才会被喜欢

讨好是一种不健康的人际相处模式,那么是什么原因使得讨好者形成了这样的行为惯性呢?换句话说,为什么他们总是自动地把自己放在取悦他人的位置上?

讨好型人格
想让所有人喜欢自己有错吗

35岁的设计师许许,至今心中仍然藏着童年时的一段深刻记忆。

大概是七八岁的时候,每晚睡前,他都会习惯性地铺好家中的每一张床,然后静静等待父母归来时那满意的微笑。在外人眼中,许许总是那么乖巧、懂事,然而,他的内心却充满了不为人知的苦涩。

从10岁起,许许便开始肩负家务的重担,煮饭、打扫、照顾弟弟,这些成为他日常生活的一部分。随着弟弟逐渐长大,虽然家庭经济水平有所提高,但家人对他的依赖依旧没有减少。工作后,他每月都要寄回生活费,并负担起弟弟的学费。

尽管父母也在他身上倾注了大量的心血和关爱,可许许总觉得,这些关爱和重视,更多的是因为他的"听话"和"懂事"。有时候许许会想,如果自己不是一个"孝顺"的儿子、"可靠"的哥哥,不再为家里付出这么多,他还会是父母的骄傲吗?

关于讨好型人格的成因,心理学家们提出了多种可能性,其中原生家庭的影响尤为显著。个体在成长过程中都渴望得到爱与关注,但有时会因为各种原因而未能如愿。为了引起养育者的注意,他们开始察言观色、投其所好。偶尔,当他们做出一些讨人喜欢的事情后,那份渴望已久的爱与关注出现了。这种"正反馈"在间歇性强化的作用下让讨好成为一种习惯。

"讨好—被爱"的反馈模式让讨好者形成了一个错误的人生信条：想要得到爱，就要用自己的付出去满足他人的期待和需求。

在被需要、被认可的感觉中，讨好者找到了自己在他人心中的位置，找到了对自我价值的肯定。只是他们也更加确信，没有人会无条件地爱自己，只有做点什么（讨好），他们才会被喜欢。就这样，他们开始不断地取悦身边的人，试图从外界获取反馈和认可，来确认自己的价值和被爱的资格。

看过电影《被嫌弃的松子的一生》的朋友，对于讨好这一情结应该会有更深刻的理解和感触。松子是一个曾经怀揣着纯真梦想的少女，她的生活被家庭中的微妙变化无情地改变。妹妹久美体弱多病，父亲因为心疼而给了她一些偏爱，这让松子从小就感受到了一种深深的失落感，仿佛自己的存在是多余的，她的内心也被对久美的怨恨填满。

为了赢得父亲的爱，松子不断尝试，甚至不惜做出一些能逗父亲开心的行为。偶然的一次，她做了一个鬼脸把父亲逗笑了。至此之后，那个鬼脸就成了她的招牌表情。

她以为，只要她做得足够好，父亲就会像对久美那样对她。这种取悦迎合的行为模式，在松子成年后的生活中越发明显。她与不同的伴侣交往，无论是落魄的作家、有妇之夫还是街头混混，她都试图用取悦的方式去维系关系，哪怕这意味着要忍受男友的暴力和无理要求。

松子把取悦他人当成了获得爱的唯一途径，她在"渴望被爱—取悦他人—被人伤害—继续取悦"的循环中度过了悲惨的一生。

> 松子用鬼脸逗笑了父亲，我该用什么表情来讨你的欢心？

不断取悦他人是安全感缺失的一种表现。安全感往往根植于早年养育者的悉心呵护与温暖关爱，它是个人内在坚韧力量的源泉。倘若在情感成长的初期未能得到充分的回应与满足，个体在后续的人生道路上便容易迷失方向，步入曲折的旅途。

讨好者在人际交往中常常过度迁就与取悦他人，这恰恰是因为他们被"自我质疑"与"价值感缺失"的内心困扰所束缚。他们深怕遭人嫌恶与遗弃,因而不断维系"被接受"与"受欢迎"的表象,却不敢展现真实的自我,甚至不惜牺牲个人的尊严。

由于内心深信"我不配得到爱",讨好者更加渴望外界的认可与赞美。每当接收到负面的评价时,他们便会被深深的沮丧和失落所侵袭,进一步加深自己"毫无价值"的信念。

为了驱散这种不安与焦虑,他们不得不选择用无尽的取悦来换取正面的反馈。遗憾的是,这么做只会给他们带来更深的痛苦,因为无论怎样努力,都不可能做到让所有人喜欢自己。这种持续的挫败感,会让讨好者更加坚信自己"一文不值",从而陷入难以自拔的恶性循环。

放下让所有人喜欢自己的执念

在咨询室里,Chris 的眼中闪烁着困惑与无辜。他为了保持融洽的职场关系,付出了太多的努力,受了太多的委屈,可现实却与他的期望背道而驰。

Chris 的部门主管总是习惯性地逃避责任,一旦有纰漏出现,他总是迅速地将责任推给下属。Chris 这个初入职场

讨好型人格
想让所有人喜欢自己有错吗

半年的新人,不幸地成了主管的"挡箭牌",好几次无端地背上黑锅。他心中的苦涩如同黄连般难以下咽,可他仍以笑脸面对主管的冷漠。

财务部的出纳看起来冷若冰霜,除了处理工作事宜,他几乎不与任何人交流。Chris 不解他的性格,误以为他不喜欢自己。为此,每次去找出纳报销时,他都会特意带上一些小礼物,试图以这种方式拉近与他的距离。只有当对方客气地收下,嘴角泛起一丝笑意时,Chris 心中的忐忑才会平息下来。

Chris 经常遭到同事的抱怨和指责,即使不都是他的问题,他也会陷入深深的自责之中,担心自己的过失会让别人讨厌自己。为了消除这种不安,他会竭尽所能地与同事套近乎,邀请他们共进晚餐,或是给他们买咖啡。然而,每次这样做时,他又会感到一种莫名的空虚和自嘲,只是他无法摆脱这种取悦的习性。

> 能做的我都做了,他们还是不喜欢我……是我的错吗?

情景 1
总是不由自主地取悦他人

Chris 习惯性地对每个人微笑，努力地迎合着周围的人，希望借此获得他们的接纳和喜爱。可是，在上司的眼里，他就是一个没想法、没主见、没能力的平庸之辈，重要的任务永远不会交给他做；在同事的眼里，他是一个好说话、好使唤的人，琐碎的事务、棘手的麻烦总是心安理得地推给 Chris，因为他们知道 Chris 不会拒绝。

职场上的纷纷扰扰，已经让 Chris 疲惫不堪，就在这个节骨眼儿上，交往了一年的女友又向 Chris 提出分手，并直言不讳地告诉他："对不起，我没办法和一个时刻都在讨好别人的男人在一起。你本来也不差，可你这种讨好的姿态却显得很卑微、很廉价。"这句话如同一把锐利的刀，深深地刺痛了 Chris 的心。

Chris 试图通过无尽的迎合与讨好，以付出和牺牲换取他人的好感，结果却连最基本的尊重都没有得到。人际关系如同一张错综复杂的网，以讨好姿态在其中行走，往往会让简单的问题复杂化。在不同的人群中游走，揣摩每个人的心思，这样的生活如同在薄冰上跳舞，战战兢兢。试问谁能同时兼顾所有人的需求和期待呢？

讨好者需要接受一个残酷的现实：无论你多么努力，无论你做得多么完美，都无法让所有人满意。想让所有人喜欢自己，本身就是一个不切实际的奢望。

讨好型人格
想让所有人喜欢自己有错吗

为什么想让所有人喜欢自己是错的呢？它会给讨好者带来哪些负面影响呢？

1. 想让所有人都喜欢自己的想法，忽略了人性的多样性与复杂性

每个人的成长经历、文化背景和个性特点都不一样，这也决定了每个人对事物的看法和喜好各不相同。想让所有人都喜欢自己，就像是想让所有的花朵都绽放出同一种颜色，这是不可能的。

2. 想让所有人喜欢自己，就会过分关注他人的看法和评价，不自觉地调整自己的行为和言辞，以符合他人的期望

这样的做法不仅会让人感到疲惫不堪，也会致使人忽视自己的需求，认为自己的价值完全取决于他人的认可和评价，从而陷入一种不健康的依赖关系——不断地寻求他人的肯定和支持，以证明自己的价值和存在。这种依赖关系不仅会让人失去独立性和自主性，还会让人变得脆弱和敏感。当他人无法给予自己期望的认可和支持时，就会感到沮丧、失望甚至绝望。

3. 想让所有人喜欢自己，会让讨好者忽视那些与自己志同道合、能够相互理解和支持的人，错过与之建立深厚关系的机会

情景 1
总是不由自主地取悦他人

⚡ 打破诅咒 | 如何拥有被讨厌的勇气

想让所有人喜欢自己,不仅是一个不切实际的期望,更是一种阻碍个人成长与正常人际交往的错误观念。我们很难在自由地成为自己和满足他人的期待之间实现完美的平衡。更多的时候,我们需要认真思考,并作出抉择。如果只图他人的认可,就得按照别人的期待生活,舍弃真正的自我;如果要行使自由,就得有被讨厌的勇气。

如何拥有被讨厌的勇气呢?具体又该怎么做呢?

把"不想被讨厌"的渴望视为自己的内心需求,把"是否被讨厌"的评判权交给外界;即使内心渴望被人接纳和喜欢,但也接受被讨厌。

> 你讨厌我?唉,这事我管不了,你得自己找找原因了!

当这种勇气成为一种内在力量时,你会发现自己

> 在人际关系中变得轻松和自由。你将不再被取悦和讨好的需求所束缚,而是能够更真实地做自己,坚定地追求自己的目标和信念。这样的你将拥有更多的自信和魅力,吸引那些真正欣赏和支持你的人。

越卑微讨好,越被人轻视

Aileen性情温柔,脾气极好,且擅长厨艺。丈夫的同事和朋友都热衷于到她家做客。每次有人来访,Aileen总是热情地招待他们,准备一桌丰盛的饭菜。饭后,客人们打牌、聊天,她默默地在厨房收拾一大堆碗筷。待客人离开后,她还需要清理整个客厅的杂乱,累得浑身酸痛。

对于这件事,Aileen从来没有说过一句怨言,她希望给身边的人留下一个好印象。为此,其他人也习以为常,认为她不介意这些事。然而,有一次Aileen身体有些不适,家里又来了客人,她没有像过去那样迎接客人,也没有像往常一样准备餐点。结果,客人们扫兴而归。

客人出门时,Aileen听到一位朋友的妻子小声嘀咕:"是不是不愿意我们来家里呀?躲在房间里不出来……我们

情景 1
总是不由自主地取悦他人

以后还是少来吧！"

听到这样的议论，Aileen 的心里感到非常委屈。这些年来，她努力维持一个热情好客的形象，希望每一位到家的客人都能感到高兴和满意。可是，这次的经历让她开始反思，是否应该继续这样无条件地付出。

有人说："好人都是被架上去的，一旦架上去就下不来了，所以就只能一直当好人。"适度地对别人好，对方会心存感激；过分地对别人好，甚至是取悦讨好，就变得"不值钱"了。更悲哀的是，日后某一次达不到原来的标准，还会引起对方的不满，用通俗的话来说，就是把对方"惯坏了"。

其实，就在 Aileen 出嫁之前，妈妈跟她说过一句话："到了婆家，不要一直做好事。"

当时的 Aileen 百思不得其解：妈妈平日里说话、做事很理性，偶尔也透着一股精明，可三观一向是很正的，怎么说了这样一句话呢？在婚嫁典礼上，不都强调"孝敬父母"吗？

人生的弯路，有时是不得不走的。婚后十年，Aileen 方才领悟妈妈的教诲：在婆家一直做好事，婆家会认为这个媳妇生来如此，慢慢地就把这些好视为理所当然，还可能会变本加厉！虽然不和婆婆同住，可对其他人也是一样的呀！无奈，不曾经历，不会懂得。

Aileen 的妈妈是一个有智慧的人，更是一个懂人性的人。无论是对待伴侣，还是对待其他的亲人和朋友，付出爱与关怀没有错，可是过度付出、取悦讨好，很容易会让对方产生理所当然的心态，这也符合经济学上的边际效益递减规律。

边际效益递减，是指投入成本与收益之间不一定是对等的，当投入超过某一限度时，增加的收益就会递减，生产要素的投入和效益之间不成正比例。

边际效益递减规律，既适用于经营管理，也适用于人际关系。人与人之间交往需要互惠，但你不能用有限的精力去填补他人无限的欲望，不能试图用尽善尽美的方式去增进关系，当你为他人做得太多了，对方就会习以为常，失去最初的那份感动和感激。

你可以对别人好，但要给这份好"标价"。所谓标价，不是向对方索取费用，而是要用态度和行动告诉对方，你的这份好来之不易，不是随便给的，这样对方才会珍惜。

情景 1
总是不由自主地取悦他人

摆脱对认可的过度依赖

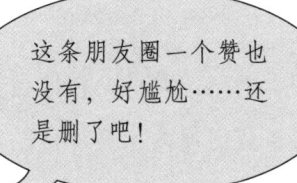

> 这条朋友圈一个赞也没有，好尴尬……还是删了吧！

每次发朋友圈，Lily 就像撰写文案一样，字字句句地斟酌，生怕写得不够精彩。如此费尽心思，不过是希望再次打开微信时，能收获多个点赞。如果某一条朋友圈发出后，迟迟没有人回应，她会觉得特别失落，还有一种挫败感，忍不住就把那条朋友圈删了。

Lily 说："我太渴望得到外界的认可了！这是我一直以来都在寻找的东西。"

小时候，每次妈妈出门，Lily 都会把家里打扫干净，然后满心欢喜地等着妈妈回来，期待妈妈能够看见自己做了一件很了不起的事。可是，妈妈回来之后，往往只是轻描淡写地说一句："噢，都收拾了。"

Lily 很失落："是不是我做得不好？"之后，一次又一次，她在妈妈面前更加努力地表现自己，讨她的欢心，可结果换来的却是一次又一次的失望。

得不到妈妈的认可，是不是我做得还不够好？这个疑惑一直伴随着 Lily，直到她长大成人。她仍然在寻找问题的答案，仍然在追求那份缺失的认可。

社会心理学指出，人是一种社会性动物，在群居生活中都有被认可、获得他人积极评价的需求。一个人的自我观念是通过与他人的社会互动形成的，他人就像一面镜子，人们会根据自己出现在他人面前的样子来感知自我。尤其是在生命早期，养育者的认可与积极关注更是对一个人自我价值感的形成产生着深远的影响。

M. 斯科特·派克在《少有人走的路》中写道："'我是个有价值的人'，有了这样宝贵的认知，便构成了健全心理的基本前提，也是自律的根基。它直接来源于父母的爱。"

如果一个孩子得不到养育者的认可与鼓励，他会感到自卑并形成严重的低自尊，继而发展出一种错误的认知：他人的评价决定着我的价值，不能得到外界的认可，就意味着我不好。

如何来证明"我是好的"呢？成为一个卑微的讨好者，不自觉地满足他人的期待，做他人希望自己做的事，以此来获得他人的认可。

过度寻求外界的认可，就不免被困在他人的眼光中，失去对自我真实需求和价值观的判断力。更可悲的是，一些别有用心的人还会利用讨好者的这种心理需求,来实现操控的目的。

在《被讨厌的勇气》中,哲人提醒青年人:"你不是为了满足别人的期待而活着,我也不是为了满足别人的期待而活着,我们没必要去满足别人的期待。如果一味地寻求别人的认可,在意别人的评价,那最终就会活在别人的人生中。过于希望得到别人的认可,就会按照别人的期待去生活,舍弃真正的自我,活在别人的人生中。"

这里所说的"别人",可以是父母、子女、爱人,也可以是朋友、同事,乃至陌生人。然而,无论对方希望你做什么,希望你变成什么样,那都是别人的期待,你可以有你的选择;别人对你的评价,不代表你的价值,也不能定义你的好坏。

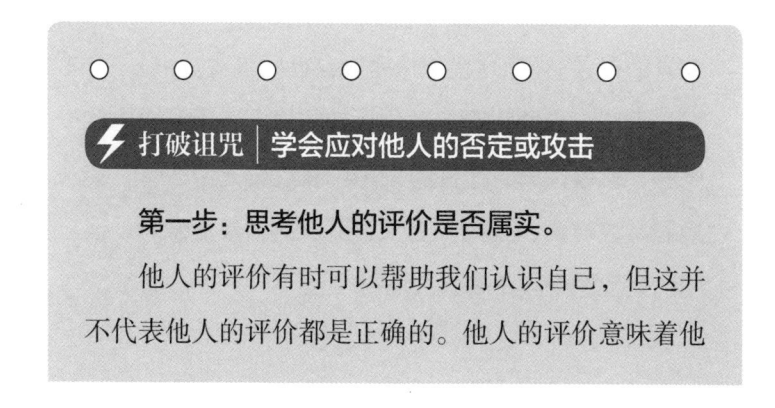

⚡ **打破诅咒** | **学会应对他人的否定或攻击**

第一步:思考他人的评价是否属实。

他人的评价有时可以帮助我们认识自己,但这并不代表他人的评价都是正确的。他人的评价意味着他的立场、他的经验，以及他对我们所做之事的看法，不总是客观事实。面对复杂的、多样化的评价，甚至是人身攻击时，要客观分析、辩证看待，切忌把那些否定自己、怀疑自己的话视为真理和预言。

> 这次的"剧情"有问题，不代表我的"演技"不在线！

第二步：把他人的评价与自我价值区分开。

有些时候，我们在某些事情或细节上做得不够周到，会致使别人作出一些负面评价。

面对他人的否定时，讨好型人格者受自动化思维的影响，很容易认同对方的态度——"别人说我做不到，也许我真的没那个能力""别人说我不好，看来我真的很差劲"。这些想法是对自己的人身攻击。

现在，你要斩断自动化反应的模式：面对发生的问题，就事论事，把注意力从"我这个人怎么样"转换到"这件事怎么样"上来，就算这件事没做好，也不代表我这个人不行。

情景 2 过分关注别人的情绪感受
——讨好者的诅咒：过度共情

♥ Ken 的剧本：心系他人笑，独守自己伤

> 总是站在别人的角度看世界，我都忘了自己的位置在哪儿了！

回顾过往 30 年的人生，Ken 觉得自己就像是一个行走在钢丝上的舞者，每一步都小心翼翼，生怕自己的失误会伤害到他人。

读高中的时候，Ken 做了一件既疯狂又愚蠢的事：每天早上提前半小时出门，骑车到发小家里接他；每天晚自习之后，再骑车把发小送回家。在外人看来，他们是很好的兄弟，可是 Ken 没有这样的体会。在这段关系中，他更像是一个单方面的付出者；发小给予他的情感回报，不过是

一些他自己不喜欢的衣服和鞋子。

高中的课业压力那么重，为什么还要花时间接送别人？面对这样的疑问，Ken 的回答令人唏嘘又感慨："他不会骑自行车，走路去学校比较辛苦。"

Ken 有着超强的共情力，他能够体会到发小走路去学校的辛苦。可是，他从来没有把这样的共情给过自己，三年来风雨无阻地每天骑车接送发小，他自己不辛苦吗？在 Ken 的人生剧本里，别人的感受永远比自己的感受更重要。

Ken 很擅长发现别人的需求，也很在意别人的感受，他总是希望用自己的付出给周围的人带来快乐和舒适。走在小区里，看到邻居阿姨提着沉重的购物袋，他会不假思索地接过，即使自己还拎着沉重的电脑包。分别之际，阿姨满脸笑容地感谢，Ken 微微一笑，享受着做"好人"的自我感动，完全忽略了那被口袋勒紫的手指。

"我无所谓，怎么样都行"是 Ken 最常说的口头禅，他永远把别人的需求放在自己之前。实际上，害怕被忽略的 Ken 也希望得到对方的回应和报答。只不过，他很少去看自己内在的真实感受和需要。不管和什么样的人相处，Ken 都会优先照顾对方的感受。他见不得别人受苦，总觉得自己有义务把他人从痛苦中"拯救"出来。

情景 2
过分关注别人的情绪感受

你是过度共情的讨好者吗

共情是一种理解别人的想法、体会别人的感受,能够设身处地站在他人立场思考问题的能力,可以让人与人之间建立深度的连接。不过,要是每时每刻都完全地敞开自我、接纳他人的情绪感受,就落入了过度共情的陷阱。

怎样判断自己是否存在过度共情呢?下面这 4 个迹象告诉你答案。

迹象 1:总能敏锐地捕捉到别人未曾察觉的细节

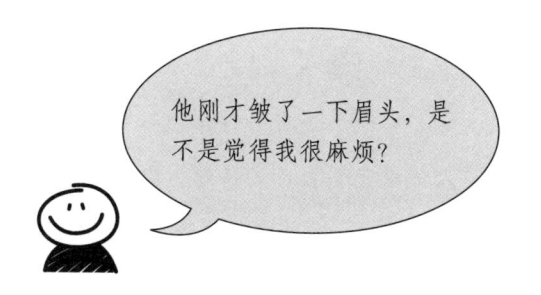

> 他刚才皱了一下眉头,是不是觉得我很麻烦?

F 由于暂时的经济困难,不得不向一位亲密朋友寻求帮助。他心怀忐忑地提出了借款的请求,希望朋友能借给他 1 万元钱,并承诺在两个月后如数归还。朋友在听到这个请求后,短暂地点了点头,但在点头之前,F 敏锐地捕捉到了他脸上的一丝犹豫。

这短暂的犹豫，如同闪电般在 F 心中划过，让他的心情变得复杂起来。尽管朋友最终答应了他的请求，但那一丝犹豫却如同烙印般留在了他的心中。回到家后，F 的脑海中不断回放着那一幕。他开始不由自主地解读那短暂的犹豫，试图从中找出朋友内心真实的想法。他担心自己的请求给朋友带来了不必要的困扰，甚至可能让朋友陷入了两难的境地。

迹象 2：过分关注他人的情绪变化

"是不是有什么心事？"每当与亲近的人共处时，不论他们多么努力掩饰，Y 都能精准地捕捉到他们的情绪波动，无论是藏在笑容背后的悲伤，还是沉默中的愤怒，或是轻松口吻背后的失望。Y 似乎拥有一种透视心灵的能力，在他面前，几乎没有人能够隐藏自己的情绪，即使他们表现得再平静，嘴上说着自己没事，Y 也能洞察到他们内心的微妙变化。

迹象 3：很容易被他人的情绪卷入

Q 是一位舞蹈演员，每次登台之前，她都会投入大量的时间和精力进行排练。排练的间隙，助理经常会安慰她说"辛苦了"，Q 回应说："我付出的努力和获得的演出收入

情景 2
过分关注别人的情绪感受

> 每次看见别人受苦,那些苦就会自动地跑进我的肚子……

是相匹配的,真正辛苦的是那些伴舞们。"为了表达对她同伴们的理解和关心,Q 常常自掏腰包购买补剂来鼓励她们,她总觉得伴舞比自己更辛苦。

情感细腻的 Q 总能轻易地感受到周围人的情绪变化,并常常深陷其中。她有时会将一些与她无关的责任揽到自己身上。比如:当未婚夫提出分手,或是闺蜜遭遇重病时,她总会自责地认为是自己做得不够好,没有给予对方足够的关心和照顾。她甚至会有一种预感,觉得一切美好的事物都可能会离她而去。

Q 观看电影时常会深陷其中,与电影中的角色产生情绪共鸣,甚至无法自拔地沉浸在其中。这种深刻的情感共鸣让 Q 在享受艺术的同时,也在情感上经历了更多的起伏。

迹象 4:为了取悦他人不惜损害自己的利益

T 在一家店铺做导购,每天都是笑脸迎人,认真接待每一位顾客。但是，在跟顾客交流时，他总是不自觉地透出讨好的意味，有时为了促成一笔订单，他经常主动为顾客申请赠品。有一次，某顾客对赠品不太满意，透露出不悦的神情，当即说不太想买了。为了留住顾客，T承诺送给顾客一个对方比较中意的物件，而那个赠品的钱是T自掏腰包付的。最后，订单虽然成交了，可是T赚到的提成费，还不够自己那个赠品的钱。

以上就是过度共情者在生活中的常见表现，如果你有这方面的倾向，不必沮丧，把它当成一个成长的契机，它在提醒你需要强化边界意识。

共情不是必须做到的任务

所有认识Lisa的人都觉得她是一个值得信赖的人。大学时期，寝室里一共有四个人，Lisa知道每一个室友的秘密，因为她们都曾私下把她当成了值得信任的"树洞"。她能够理解和接纳室友们的各种情绪，甚至比当事人的喜怒哀乐更强烈。

这份超强感受力给Lisa带来了一些好处，但也给她带来了困扰。

情景 2
过分关注别人的情绪感受

每次听室友们吐槽,除了收获一声"谢谢"和"有你真好",剩下的只有独自品尝的苦涩:发生在别人身上的糟糕经历,以及别人传达出的负面情绪,就像一层挥之不去的薄雾,笼罩着 Lisa 的生活。

有时候她感到很疲惫,不想再接收他人的负面情绪,可是看到室友们沮丧、难过的样子,她又于心不忍,觉得应该多考虑她们的感受。

讨好型人格者习惯把注意力的焦点放在他人身上,及时而敏锐地察觉到他人的需求并给予满足。他们是天生的"服务高手",可以凭借热情与亲和力赢得他人的好感,用细致的服务折服对方的心。但是,就像长期超负荷运动会给肌肉造成损伤一样,过度使用共情能力也会对身体和情绪产生负面影响,导致"共情疲劳"。

> 过度共情?别怪我没提醒你,那可是一个"情感黑洞"!

我曾在网络上读到过一个有关共情者的案例,令人唏嘘不已:

讨好型人格
想让所有人喜欢自己有错吗

西沃恩,一名29岁的洛杉矶女子,她时不时会遭受不明缘由的疼痛感。这些疼痛困扰着她,让她备受煎熬。经过精神科医生的诊断,她患有抑郁症和焦虑症。西沃恩的情绪起伏极大,医生初步认为这可能是躁郁症的症状。然而,她本人坚信,她的情绪波动和疼痛并非仅仅源于心理疾病,而是与周围的人息息相关。

"每当我感到脖子或肩膀疼痛时,我就知道有某个人正在承受着巨大的压力。"西沃恩解释道,"我会给身边的人发送消息,试图找出压力的源头。有时,那些与我关系亲密的人会告诉我他们正经历着糟糕的情绪。我能感受到我丈夫何时在发愁,当直接询问他时,尽管他起初会有些犹豫,但最终还是会告诉我他确实遇到了麻烦。"

一次偶然的机会,西沃恩读到了一篇关于"共情者的31个特征"的文章。令她惊讶的是,她发现自己几乎符合文中所列出的所有特征。这个发现不仅为她提供了一个理解自己的新视角,也让她意识到,自己有时表现出的喜怒无常或刻薄蛮横,实际上是因为她无意中接收了他人的情绪能量。

在人际互动中,过度共情者很容易成为讨好者,因为他们大部分时间都处于对周围人的感受进行共情的状态——他是不是正在遭受痛苦?如果他正在经历痛苦,我

情景 2
过分关注别人的情绪感受

可以为他做些什么？

每个人都是一个能量体，过度在意他人的感受或是过度受他人的干扰，自身的能量会被不断消耗，导致情感耗竭，失去自我身份与情感的独立性；还可能过分沉浸在他人的情感中，无法进行客观理性的思考，作出不切实际或不利于自己的决定。

虽然共情的本意是为了拉近与人的距离，但过度或不恰当的共情方式可能让他人感到压迫或不适，反而疏远了关系。所以，讨好者要放下"救世主"情结，承认自己是有局限的人，而非万能的神，不要试图以一己之力眷顾身边所有人。

保护自己，避免共情疲劳

目睹他人承受痛苦时，任何一个有良知的人都不可能无动于衷。可是，一旦选择了共情他人，又很难做到完全不受影响，怎么解决这个问题呢？

1. 倾听他人时，觉察自己的想法和反应

当对方向你倾吐痛苦时，你要留出一部分的精力用来觉察自己脑海中的念头和身体的反应，比如："遭此横祸，

往后的人生要怎么走下去""我的肠胃在收缩"。当你清晰地意识到自己正在卷入他人的情绪时,你就可以及时提醒自己跳出来。

2. 使用共情通用语,"敷衍"不可耻且有用

生活中的复杂问题很难在短时间内解决,甚至有时候当事人自己都不清楚真正要解决的问题是什么,他们倾诉的目的只是宣泄情绪。你要放下"拯救对方""帮对方解决问题"的执念,学会使用一些共情的通用语来回应对方:

"嗯,你说的有道理。"
"是的,被人误会很难受。"
"我理解你的感受。"
"遇到这样的事,的确很让人生气。"
"这不是你的错。"

为了防止对方向你询问解决方案,你可以率先把这个问题抛给他:"你打算怎么解决呢?"如果对方一再表示很

> 耳朵倦了,心也烦了,再让我安慰人,我怕我会"说漏嘴"……

情景 2
过分关注别人的情绪感受

困惑，你也可以坦诚地告诉对方："我知道你很烦恼，也能理解你的感受，但我真的不知道怎么处理这样的问题，没办法给你有效的建议。"

3. 识别共情疲劳的信号，及时选择抽离

当你发现自己已经没有耐心听对方说下去，或者只是像没有情感的玩偶一样机械地回应"我理解你"时，这就代表你已经出现了共情疲劳，需要及时抽离让自己透口气了。

千万不要因为不好意思而硬撑。共情建立在认真倾听的基础上，当你无心去听时，任何共情都是空洞的、浮夸的，你自己觉得累，别人也会觉得假。共情不是一项必须做到的任务，你也不是一个理解和处理他人情绪的工具。共情他人之前，先照顾好自己，爱满自溢。

4. 划分人际层级，把共情留给值得的人

共情是一种珍贵的能力，不能随随便便地就拿出来用。来者不拒的姿态会透支生命的能量。你要以自己为核心，对人际关系进行层级划分，提醒自己按照先后顺序给出共情，先是自己，接着是重要的家人、朋友……以此类推。

划分人际层级有助于你了解自己目前的共情使用情况。比如：一位女士每天都在收拾家务、照顾爱人和孩子，好不容易休息了，还惦记帮父母做点事，从来没有留出时间关照自己，这意味着她对自己缺少共情和关照；一个利用周末时间去做安宁疗护志愿者的人，却没有时间陪爱人、孩子聊天，这样的共情使用也是有问题的，需要在顺序上进行调整。

停止吸食他人的情绪

在过去的二十余年里，Ella 一直在无意识中承载着母亲的情感包袱。

在 Ella 的描述中，她的母亲是一个内向、沉默寡言的人，生活节俭但内心坚韧；父亲性格外向、健谈，有一点虚荣心，喜欢社交活动。父亲经常借钱给朋友，这引发了母亲的不满和焦虑。可是，母亲不善于表达自己的感受，总是选择独自承受和生闷气。

Ella 从小就被迫成为父母之间的情感调解者。在离家上大学和工作后，虽然她不常在家，但每次与母亲通话，她都会被母亲的负面情绪淹没。Ella 在电话中尽力安慰母亲，希望她能开心一些。当挂断电话之后，她却感到无比烦闷和沮丧。

Ella 深感无力，她觉得自己无法让父母和睦相处，也责怪自己收入不够高，无法消除母亲对金钱的担忧。每当想

情景 2
过分关注别人的情绪感受

起母亲含泪的样子,她的内心就充满了痛苦和酸楚。

为了寻求解脱,Ella 决定寻求心理咨询师的帮助。在咨询过程中,Ella 逐渐意识到问题的根源——她一直在不自觉地承担母亲的情绪负担。咨询师帮助她认识到,父母之间的关系问题应由他们自己解决,她并没有责任去背负这些问题,更无法替他们解决。

随着咨询的深入,Ella 开始明白,母亲对父亲的不满和委屈是母亲自己的情绪,她可以选择倾听和共情,但也可以选择让母亲通过其他方式去处理这些情绪。每个人都应该对自己的情绪和行为负责,包括她的母亲。

在咨询师的引导下,Ella 学会了如何设定情感边界,不再过度卷入父母的情感纠葛中。她开始更加关注自己的情感需求,并努力寻找属于自己的快乐和满足感。

Ella 的经历提醒过度共情与责任感爆棚的讨好者们,要减少过度共情给自己带来的伤害,最重要的是把自己和他人的情绪区分开来。

> 哈,我终于学会了"情感节食"!

⚡ 打破诅咒 | 避免被他人的情绪卷入

第一步：分清楚情绪来自谁，分离自己与他人的课题。

健康的共情是理解对方的感受，但也清楚地知道那是对方的情绪，而不会将自己卷入其中。总之，要学会识别情绪的主体，理性看待他人的境遇，分离自己与他人的课题。

假设你的朋友心情不好，希望独自待一会儿。面对这样的情况，你要提醒自己："这份沮丧的情绪是他的。"虽然你感受到了他的烦闷，但你没有义务和责任把他从烦闷中拉出来。你可以向对方表达你的理解，主动给对方留出安静的空间，让他消化自己的情绪。

第二步：明确对方的情绪是否和自己有关，按捺立刻作出反应的冲动。

每次丈夫露出凝重的表情，叶子都会不由自主地感到焦虑和不安，并且怀疑是不是自己的某些行为或言辞引发了丈夫的负面情绪。为此，她经常会做出一些取悦对方的行为，以此来印证自己并非丈夫消极情绪的根源。

情景 2
过分关注别人的情绪感受

这是讨好型人格者的一种自动化反应，对此你需要学会的是克制。当你感受到了他人的消极情绪时，要抑制住那种立刻想要为对方的情绪负责的冲动。你可以试着询问对方是否需要你的帮助，或者是否需要你做什么。总之，要尊重对方的意愿，不要刻意讨好。

第三步：每个人都需要为自己的情绪负责，放弃拯救他人的全能自恋。

健康的共情是理解对方的感受，愿意陪伴他去探索解决问题的途径，但不意味着要承担他的负面情绪，为他的情绪负责。讨好型人格者要谨记，无论面对的是父母、伴侣还是朋友，当感同身受其情绪并想代替其处理难题时，先冷静几秒钟，试着提醒自己：

"这是他的情绪，他需要为此负责。我没有责任也没有能力承担他的情绪，我要把属于他的情绪还给他，默默地陪伴他，我相信他有能力处理好自己的问题！"

♥ 讨好型人格
　想让所有人喜欢自己有错吗

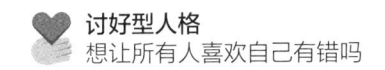

爱自己和爱他人不冲突

讨好型人格者习惯把自己深深地藏起来，只表现出别人需要的一面，专注于满足别人的需求，习惯从他人的依赖中寻求安全感。这可能与他们的成长环境有关。不少讨好型人格者在童年时期通过满足养育者的愿望来获得爱与安全感，并确信想要生存下去，必须获得他人的认可。所以，他们把人际关系视为维持生存最重要的条件，渴望从他人的正面赞赏中寻找安全感，总是不自觉地迎合他人，甚至被迫放弃自己的需要。

从心理防御层面来说，讨好型人格者为迎合他人不自觉地改变自我，是为了避免完全暴露自己而带来的风险，这也印证了他们从早年开始内化于心的一个信念：想要获得爱与认可，就要把不被接受的东西藏起来。

讨好者用付出自我来换得安全感。当别人需要他们时，他们会产生一种满足感和骄傲感。为了确保自己受欢迎，他们满足别人的期待，不惜委曲求全。对于讨好型人格者来说，想要真正地获得自我成长，摆脱人格阴影造成的情绪困境，最重要的是修正错误的执念：

1. 关心自己 ≠ 自私冷漠

讨好型人格者存在一个认知误区，总是把关心自己和

自私冷漠联系起来,这是导致他们迎合讨好他人的根源。针对这一问题,讨好者需要经常觉察和反思几个问题:

你每天有多少时间在揣测别人?
你每天有多少时间在关注自己?
你用什么样的方式达到别人对你的期望?
你这样做是为了获得感激,还是为了其他的什么?

思考这些问题的时间不宜过长,只要每天晚上花几分钟的时间,对白天经历的事情进行回顾,看看哪些事是顺从了自己的需要,而不是讨好他人。通过回顾以及询问自己的感受,可以对错误的执念进行修正,在下一次遇到相同的境遇时,尝试把自己的需求放在第一位。

2. 自身价值≠付出多少

讨好者需要认识到,自身的价值与付出多少不是对等的关系。被爱并不依赖于为别人而改变自己,从别人那里获得帮助也并不意味着会减少他人对你的爱。

很多时候,别人对你付出关爱就是出于他们的真心,并不是因为你付出了多少,或是别人有多需要你。反过来说,你对他人好,对方也未必对你好。

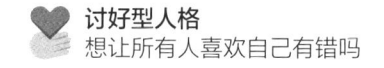

3. 关爱他人 ≠ 压抑自我

讨好型人格者要经常提醒自己：我有获得爱的能力和权利。

为他人付出是美好的，接受他人的付出是幸福的，没必要在交往中表现得过于卑微。意识到自己的存在本身就是有价值的，多给自己一份关爱。

> **⚡ 打破诅咒 ｜ 学会自我照顾**
>
> 每一个人都应当学会爱自己、照顾自己，无须为此感到抱歉。如果不断地把时间和精力投注在别人身上，不给自己留任何缓冲的空间，终有一日会精疲力竭。下面有一些自我照顾的建议，你不妨将它们融入自己的生活中：
>
> **1. 重视你的生活品质**
>
> 人的精力基石是体能，保持规律的生活作息、良好的睡眠、健康的饮食，对稳定和平衡情绪很有帮助。如果你感到疲倦，千万不要硬撑，留出2~3小时让自己彻底放松一下，你会更有精神和能量去应对琐

碎的生活。

2. 做自己喜欢的事

适当调整一下自己每天的时间使用情况,力求专门安排一段时间用来做自己喜欢的事,让自己从压力的情境中抽离,暂时放下心理负担,获得喘息的空间。不要感到羞耻和不安,停下是为了更好地出发;更何况,只有先把自己照顾好,你才有余力照顾他人。

3. 做对自己有益的事

有些事情做起来虽然不太愉快,但最终却能让自己受益,比如:健康体检、看牙医、学习一门技能,这些事情体现着你对身体的重视,愿意为提升自我价值投资。

情景 3　为别人的一句话难受一整天
——讨好者的诅咒：过度思虑

❤ Cindy 的剧本：台词有限，内心戏超多

Cindy 是一个敏感又多思的人。与人当面交谈时，Cindy 总是小心翼翼，开口之前都会在脑海中反复演练，斟酌每一个字眼，生怕因言辞不当而让气氛变得尴尬，或是给对方留下不好的印象。

即使是微信沟通，她也会启动"内耗模式"——打了又删，删了又打，担心自己说的话不恰当，怕伤害到对方或引起不必要的误会。为了让对话显得不那么生硬，她还会精心挑选表情包，试图通过它们来缓和气氛，展现自己的温和与善解人意。

在与朋友讨论问题时，Cindy 常常因为对方的一些直率言论而感到受伤。她会觉得朋友在有意无意地攻击自己，虽然朋友只是表达了自己的观点。对此，朋友总是无奈地

说:"Cindy,你为什么总是曲解我的意思?你想太多了。"

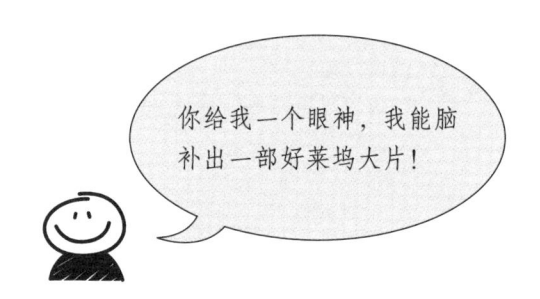

> 你给我一个眼神,我能脑补出一部好莱坞大片!

在工作中,Cindy 的敏感也时常给她带来困扰。有一次,同事指出她报表上的一个数据错误,虽然她及时更正了,但这件事依然像一块巨石压在心上,让她自责不已。同事看到她这样,不禁笑道:"Cindy,你太玻璃心了吧?"

当父母对 Cindy 提出批评或指责时,她往往会感到愤怒和羞愧。父母不解她的反应,常说:"这才说了你几句,你就受不了了?以后出了社会,谁会一直迁就你呢?"

当伴侣夸赞一位异性朋友时,Cindy 内心会涌起一股莫名的酸楚。她不清楚自己是在嫉妒对方,还是在贬低自己,最终说出的话往往带着刺,让伴侣感到困惑和无奈:"我只是在评价她的处事方式,从未想过拿你和别人比,你也太敏感了吧?"

每次参加聚会回来后,Cindy 都会感到疲惫不堪。她会在心中反复回想,担心自己是否有哪些行为举止不够得体,琢磨着别人对她的评价以及话语背后的深意。这样的情景经常发生，她因此被人贴上一系列的标签："敏感、脆弱、矫情、玻璃心、胡思乱想……"Cindy 不喜欢这些略带贬义的评价，却也知道它们不是空穴来风。

Cindy 就像捧着一颗易碎的心，如履薄冰地在生活中行走。别人一句不经意的话，一个无心的眼神，都会将她推向情绪的深渊；朋友随意开一个小玩笑，她就内心隐隐作痛，觉得玩笑里夹杂着讽刺与嘲笑的成分；别人没有及时回复消息，她也会忐忑不安，生怕别人对自己有什么不满。她不喜欢自己敏感至极的神经，却又无法控制自己不去思考。这些年来，她尽力压抑自己的情绪，不想让别人觉得自己胡思乱想、反应过度。

曾经，Cindy 试着向家人和朋友倾诉自己的感受，可他们却只是轻描淡写地回应："你就是想得太多了！"这句话像一把刀插在 Cindy 的心上。"想太多"不是她的本意，却成了她的本能。望着他人的摇头不解，她吞下无法言说的委屈，再次陷入到自我否定之中。

高情商沟通者 vs 无意识讨好者

你有没有听过一个网络流行词——"KY"？它是日语

> 笑点、泪点、尴尬点……
> 我全都能体会！

"空気が読めない"（罗马音为kuuki ga yomenai，直译为"不会读取气氛"）的缩写，形容一个人缺乏那份微妙的、能够洞察他人心绪的"眼色"，不会按照当时的氛围和对方的脸色作出合适的反应。

不知从何时起，察言观色这项技能被推向了神坛，仿佛拥有它就能在职场中游刃有余，在社交场上如鱼得水，在亲密关系中无往不利。一旦未能准确地解读氛围，未能根据环境及时调整自己的反应，就会被贴上"情商低"的标签，遭受他人的冷眼与质疑。

我们是否应该在察言观色的能力与情商之间画上等号呢？这个等式成立吗？

察言观色是情商的一个重要组成部分，它代表着一个人对他人情感的敏感度与理解力。但情商是一个复杂而多维度的概念，绝不局限于察言观色，它融合了自我意识、情绪管理、自我激励、识别他人、处理人际关系等多方面的能力。

情景 3
为别人的一句话难受一整天

自我意识：及时注意自身的真实感受。

情绪管理：以正确的方式处理积极情绪与消极情绪。

自我激励：相信自我，肯定自我，有强大的心理复原力。

识别他人：识别和理解他人的情绪状态，并作出适当的回应。

人际关系：妥善地处理人际关系，轻松应对社交生活。

在人际相处中，人们有时并不是直接用语言表达自己的感受，而是以表情、隐喻、动作来表达心情和需要。高情商的人会察言观色，能及时地体会到他人的这种表达，并作出适当的回应。

<u>只是一味地强调察言观色，忽视对自我情绪感受的觉察与关注，就变成了看他人的脸色行事，这样的察言观色不是高情商，而是无意识的讨好。</u>

> 人家用智慧赢得人心，你用膝盖蹭地求关注……这不是一回事！

在社交的纷繁复杂中，人们出于礼貌和人情世故，有时会做出一些"讨好"的行为。比如：在节假日给亲朋好

讨好型人格
想让所有人喜欢自己有错吗

友、领导送上一份礼物,或是在日常相处中对同事、朋友给予真诚的赞美。这种"讨好"是一种普遍的社交技巧,它有助于建立和维护良好的人际关系。

然而,讨好型人格者的表现与之截然不同,他们似乎除了迎合他人,不会用其他的方式与人交往,这种人格特质表现为一种固定且过度的"讨好"模式。

Mark 像一台时刻运行的"情绪勘测仪",敏锐地捕捉着周围人的情绪变化。一旦对方流露出满意或开心的神情,他就会感到由衷的欣慰和放松;一旦对方的脸色稍有转阴,哪怕是微妙的皱眉或沉默,都会让他感到深深的不安,内心涌现出一连串的戏码,甚至试图通过行动来平复对方的情绪。

讨好型人格者的察言观色,其核心动机是希望通过自己的行为使他人满意和欢喜。他们把隐忍细致、体贴迁就、温良恭顺留给了别人,把漫长的纠结与内耗留给了自己。

从心理学角度来看,讨好型人格可能反映了某种自我意识的缺失。一项发表在《自然 – 神经科学》(*Nature Neuroscience*)上的研究表明:过度讨好他人可能会改变我们的行为方式,甚至让我们变得不再那么诚实。为了迎合他人,我们可能会开始说些善意的谎言,而这些谎言最终

情景 3
为别人的一句话难受一整天

可能会让我们陷入一个危险的循环，逐渐失去真实的自我。

高情商者的善解人意，建立在真诚和自我尊重的基础上；讨好者的善解人意，是为了让别人满意不惜委屈自己。如果你总在察言观色，总因别人的情绪反应而内心掀起波澜，请别再欺骗自己说这是高情商了，这是一种无意识的讨好。

❤ 为什么你对别人的情绪格外敏感

讨好型人格者有着一对超灵敏的触角，时刻探测着周围人的情绪与感受。即使不悦的神情在他人脸上只是一闪而过，他们也能精准地捕捉到，并在心里掀起层层波澜。紧接着，他们就会本能地做出一些取悦和讨好的行为，试图看到愉悦的神情重新回到对方的脸上。

情感细腻的 Mark 从小就拥有一种超凡的能力——总能准确地捕捉周围人微妙的情绪波动。不论是在温馨的家庭聚会中，还是在喧嚣的职场环境中，无论是亲朋好友还是领导同事，只要他们的情绪稍有起伏，Mark 都能像雷达一样敏锐地察觉到。

在公司的一次会议上，Mark 注意到领导的眼中闪过一丝不易察觉的忧虑——他的注意力在汇报的关键时刻微微偏离，仿佛心事重重。Mark 轻轻靠近同事，低声问道："你有没有觉得领导今天似乎有些心不在焉？"同事抬头看了看领导，又看了看 Mark，疑惑地摇了摇头："没有吧，我看他挺正常的啊。"

别人的情绪变化在 Mark 的眼中仿佛放大了数倍，尤其是那些负面情绪，如愤怒、失望和焦虑。即使对方表面看起来毫无波澜，嘴上说着"我没事"，Mark 仍然能够感受到平静之下的那股涌动的暗流。

由于对他人的情绪太过敏感，且总是忍不住过度解读和琢磨，Mark 备受煎熬。为了缓解这种不适，Mark 总是努力让周围的人保持愉悦。一旦察觉到对方的不悦，他就会不自觉地调整自己的言行，试图取悦对方，以平息那些不安的情绪。

别人称赞 Mark 善解人意，总能设身处地为他人着想。但 Mark 自己心里清楚，他的这种善解人意并非完全出于对他人的关心，更多的是为了减轻自己内心的压力和焦虑。他渴望能像其他人一样，对周围人的情绪变化保持一种适度的钝感，无奈的是，他没办法关闭自己那异常敏锐的"情绪雷达"。

为什么讨好型人格者对他人的情绪变化如此敏感呢？

情景 3
为别人的一句话难受一整天

美国心理医生兼研究员伊莱恩·阿伦指出：人群中约有20%的人有着异常敏感的神经系统，在同样的情形和刺激下，他们可以感受到被他人忽略掉的微妙事物，自然而然地处于一种被激发的状态；在面对他人的情绪变化时，他们也会表现出更强烈的生理反应。

> 我的大脑"筛网"有点漏风，大事小事全往里钻……

如果将大脑的信息处理过程比作用筛网筛选，那么多数人的筛网设计得相当精密，能够有效地过滤掉许多外界信息，以保持内心的平静和专注，避免不必要的干扰。

对于高敏感者来说，他们大脑的筛网则相对稀疏，这些筛网无法像常人那样将微弱的、不易察觉的信息过滤掉。因此，那些微妙的信息能够轻易地涌入他们的大脑，并促使他们进行深度加工和处理，从而表现出与常人不同的强烈反应。

讨好型人格者往往具有不同程度的自我怀疑或低自尊，常常会感觉自己不够好。加之他们对人对事过度敏感，在人际关系方面总是遇到困境,更是容易感到自卑。有时,他们会厌恶自身的敏感特质,厌烦在各种乱七八糟的想法编织出来的思想网中挣扎,迫切地想要改变、摆脱过度敏感的特质,结果越抗拒越痛苦。

压抑、逃避情绪,抵抗、改变下意识的行为模式,这些行为都会消耗高敏感者本就稀缺的心理能量。

要如何与自己的高敏感体质相处呢?

首先要做的是改变认知——让生活变得糟糕的不是你的高敏感特质,而是你对高敏感特质的态度——既不接纳,又无法将其根除。

与其逃避、否认和压抑,不如承认和接纳它——既不刻意彰显,也不刻意隐藏,把自己的敏感、多思视为整体的一部分,用善意和宽容来看待它。

错误的假设:别人不高兴是因为我

对于讨好者的过度敏感与讨好行为,有些人觉得难以理解:谁都会遇到或想起烦心的事,都会体验到不同的情绪,这是一件很正常的事。别人不高兴,为何你要上赶着取悦、讨好他呢?这和你有什么关系呢?

情景 3
为别人的一句话难受一整天

> 当别人脸上乌云密布时,我总以为是自己画错了天空的色调。

讨好型人格的形成,虽然有生理机制的原因,但更多的还是因为后天的成长经历。

长期生活在危险性和批评性的环境中致使他们在内心深处形成了一个不合理的假设:他人的情绪变化与我息息相关,别人不高兴肯定是因为我做得不好。

Kelly 自幼跟父亲生活在一起,父亲性格暴躁,就像一颗不定时炸弹,随时都可能爆炸。生活在这样的家庭环境中,Kelly 如同行走在薄冰之上,总是提心吊胆,不知道下一秒会发生什么,是否会遭受父亲的怒骂。

从七八岁开始,Kelly 就学会了察言观色,她可以从父亲的眼神和语气中读出他的心情。她尽量做到乖巧听话,连走路都小心翼翼,生怕惊扰了正在休息的父亲。这样的成长,让 Kelly 被迫学会了对他人的情绪保持高度的敏感。

没有人生来就是讨好者,长期和情绪不稳定的养育者生活在一起，如果不能在第一时间觉察到养育者的情绪变化，迅速做到准确地应对，必然要承受更多的伤害和痛苦。长此以往，察言观色和讨好成了自我保护的工具，每当看到他人出现不悦的神情，就会本能地感到焦灼和不安，为了重新收获安全感——看到别人平静或开心，就会下意识地做出讨好行为。

在 Michael 的成长过程中，父母的期望如同重压，让他难以喘息。

身为中学教师的父母，对 Michael 要求苛刻至极。每当他考试取得满分，仿佛这一切都是理所当然的；若稍有失误，哪怕只是 1 分之差，他们也会追根究底，并要求他通过做大量的同类题目来"弥补"失误。在这样的环境下，即使 Michael 做得再好，也得不到父母的夸奖；一旦做得不好，惩罚便紧随其后。

对于父母的严厉批评，Michael 已经习以为常，但母亲的沉默却让他倍感煎熬。每当他没能达到母亲的标准时，母亲便会沉默不语，或是连声叹息，传达出对他的失望。

随着时间的推移，长大后的 Michael 变得异常害怕面对他人的沉默。哪怕别人是在思考问题或是走神，他也会不由自主地将其解读为对自己的批判和指责，仿佛自己永远不够好。这种心态深深地影响着他，让他难以自如地与他

情景 3
为别人的一句话难受一整天

人相处。

心理学家研究指出,以批评为主的教养方式会对孩子造成深远的影响,它会将孩子的大脑训练成一种"过度强调过失"的模式。孩子会把父母的苛责内化,认为那是对自己的客观评价,自己就是那么糟糕、那么差劲。长大之后,他们会对别人的情绪变化格外敏感,并将对方的负面情绪视为对自己的批判,为了让他人喜欢自己、认可自己,就会去讨好对方。

借助 Kelly 和 Michael 的案例,我们会更容易理解讨好型人格者的心理动态。为了避免自己受到伤害,或是受到他人的负面评价,他们只能"先入为主",假定对方的负面情绪一定和自己有关。在未受到伤害和未受批评之前,率先做出讨好的举动,以避免那些不想看到的画面,即使那些画面出现的可能性为零,他们也要做好 100% 的准备。

如何才能减少负面的过度解读

情景 1
临睡前,朋友发来一条微信消息:"睡了吗?"

小 H 瞬间胸口一紧:"为什么他要这样问?这个时间点给我发消息,是不是有什么请求?哎呀,到底是什么事呢?我要是假装没看见,不回复,他会不会生气?"

纠结了十几分钟,小 H 还是回了一句:"正要睡,有事吗?"

结果,朋友只是向他咨询,是否认识可靠的保险业务员,推荐一个给他。

情景 2

下班前,领导说了一句:"到我办公室来一趟。"

小 H 的心提到了嗓子眼,感觉腿也有点软了,脑子里一片混乱。他不停地琢磨:"为什么让我去他的办公室?难道是下午打瞌睡被发现了?还是对我的工作表现不满意?或者认为我不适合这份工作?天呐,会不会被辞退呀?"小 H 越想越害怕,开始脑补即将发生的灾难画面,甚至能够想象出领导与他谈话时的语气和表情。

结果,领导找他并不是宣判辞退,而是有一个客户对他印象深刻,主动提议让他负责该公司的业务。小 H 松了一口气,他可是太恐惧这样的时刻了。

情景 3

午休时,邻座的同事冷漠地回绝了小 H 的午饭邀请:"你自己去吧。"

小 H 心里很不舒服,感觉同事似乎对自己有什么意见,

情景 3
为别人的一句话难受一整天

整个上午也没有跟小 H 说什么话。想到这里，小 H 瞬间也没有了吃饭的兴致，忍不住回想自己到底什么地方招惹了同事，是昨天说错了什么话吗？

结果，同事下班时告诉小 H，昨天他买的股票亏了三千多块钱，太郁闷了！原来，他的失落和小 H 一点关系也没有，可小 H 却为此憋屈了一整天。

上述的情景与心理活动，对讨好者来说可能是家常便饭，他们经常对他人的行为进行过度解读。

所谓过度解读，就是在理解外部世界的人和事物时，赋予它原本没有的含义。

过度解读有正向和负向之分。正向的解读就是把对方给予的信息理解成积极信息，比如："他一直在看我，是不是暗恋我呢？"这种情况在讨好者身上不太常见，他们更习惯对他人的行为进行消极（负向）解读，认为对方不喜欢自己、厌恶自己、对自己有意见。

大家好，我的封号是"脑补帝"！

每个人身体里都有一个"自我"——本能地从自身角度认识世界,以符合自身利益的方式分析和理解他人的言行。这也意味着,人们在生活中很难真实、确切地理解他人的想法和行为,过度解读在所难免。尤其是讨好型人格者,生性比较敏感,对他人的情绪反应比常人更强烈,更容易因过度解读而遭受困扰。

⚡打破诅咒 | 掌握减少过度解读的方法

1. 把注意力放在自己身上

如果你发现自己很容易过度解读他人的行为和语气,那么你应该试着调整注意力的焦点。不要过度留意他人的细微动作和言辞,把注意力拉回到自己身上,关注自己的行为和思绪。当你习惯了专注于自身,过度解读的频次会大大降低。

2. 多与不同的人接触

过度解读他人的行为,往往和社交面太窄,以及对特定人际关系的过度关注有关。为了缓解这一问题,最有效的方法就是积极拓宽社交范围,与不同的人进行交流和互动。通过聆听他们的话语,观察他们的思考方式,可以逐渐拓宽自己的思维视野。这样不仅能够更好地理解他人，还能减少过度解读的倾向。

3. 思考自己的真实想法

当你对他人的行为产生过度解读时，不妨停下来思考一下：为什么我会这样想？

假设你觉得某人的冷淡回应是讨厌你、不喜欢你的表现，那不妨问自己：是不是我太在意对方的评价呢？是不是我太害怕对方不喜欢我呢？别人的看法和态度，真的有那么重要吗？

4. 弄清楚事情的真相

过度解读往往是自己在臆想和揣测，而被揣测的一方并不知道具体发生了什么。如果你觉得胡思乱想、忐忑不安的状态严重扰乱了自己的心智，不妨直接或间接地跟对方沟通，了解事情的真相，这是减少内耗最有效的途径。

别过度自省，你没有那么糟糕

过度自省，是指个体对自己的行为、想法和情感进行过度且重复的思考和分析，这种思考常常带有自我批评和

自我否定的意味，让人陷入无尽的自我怀疑中。

讨好型人格者与人交往时经常会过度自省：只要出现了摩擦，就会下意识地思考是不是自己哪里做错了。不管是同事之间的小误会，还是朋友之间的小分歧，他们都会把自己置于卑微的境地，放大自己每一个可能的过失。

当朋友皱起眉头，讨好者会立刻想到："是不是我哪句话说得不对？"当伴侣稍有沉默，他们也会担心："是不是我哪里做得不够好？"

这种思维定式体现在生活的方方面面，甚至在与人微信聊天时，如果对方只是回复了一个"嗯"字，他们也会感到不安，忍不住地多想："他是不是觉得我很烦，懒得回应了？"

当头脑中出现了这样的预设——"是不是我做错了什么"之后，他们就会不由自主地说一些迎合对方的话，或是做出一些取悦对方的行为，以此来打消内心的不安。

健康的自省以事实为依据，反思的内容有好有坏，视角相对全面，可以看到自身的优势与不足，为下一步的自我精进锁定方向；过度自省以头脑中的想象为依据，对现实进行选择性忽略，只关注负面信息，想象负面后果，是一种不切实际的自我攻击。

情景 3
为别人的一句话难受一整天

> 作为"人生差评师",我绝对够专业!

英国女作家珍妮特·温特森说:"一个人不该过分自省,这会使他变得软弱。"

长期处于讨好位置上的人很容易被他人轻视,因为讨好就是在示弱。过度自省是一种低自尊的表现,而低自尊很大程度上与对自己的负面认知有关。对现实的扭曲认知会屏蔽许多积极的信息,让人坚信就是自己不够好,从而陷入焦虑不安、自暴自弃的情绪困境。

⚡打破诅咒 | 停止用负面的字眼评价自己

讨好型人格者想要走出过度自省的旋涡,需要正确认识自己、提升自尊和自我价值感。美国心理学家纳撒尼尔·布兰登在《自尊的六大支柱》中指出自尊涉及两个方面:

其一,在面对生活的挑战时,坚信自己有能力应对；其二，对自己的生存与幸福权利保持肯定的态度，认为自己值得拥有幸福。

布兰登博士指出，低自尊很大程度上跟对自己的负面认知有关。对现实的扭曲认知会屏蔽许多积极的信息，让人坚信就是自己不够好，从而陷入焦虑不安、自暴自弃的情绪困境。

讨好型人格者在受到外界刺激时（可能是真实发生的，也可能是自己想象的），如被冷落、被批评、被拒绝、事情没有做好等，就会陷入过度自省之中，认为自己不好。

> 最好的养生，就是停止胡思乱想。

下面有一个简单可行的练习，可以帮助讨好型人格者在自我感觉糟糕的时候，及时把自己从过度自省中拉出来。这个练习的核心在于，停止用负面的字眼评价自己，客观地描述事情本身，或是自身的行为表现、特质、思想和情感。

情景 3
为别人的一句话难受一整天

当你将一份重要的工作项目报告提交给上司后，发现对方有些迟疑，且没有当即给予反馈，此时你的内心可能会冒出一些负面的念头，如："我的项目计划一定存在重大问题""上司是不是对我的能力有所质疑？"

请注意，当这些想法刚刚浮现时，你要立刻提醒自己："这些只是我的猜测，不是事实！"接下来，将注意力重新拉回到工作本身，用更加客观和理性的态度去评估你的工作项目：

我的项目计划是否完全贴合公司的战略目标和项目需求？我是否考虑了所有可能的风险和挑战，并制订了相应的应对策略？这个项目有哪些创新点或亮点，能够为公司带来价值或竞争优势？如果未来还有类似的项目，我能否从这次的经验中学习到什么？……

通过这样的思考，你可能会发现，即使这个项目报告没有得到即时的积极反馈，也并不代表你的工作做得不好，更不能说明你的能力有所欠缺。这可能是多种因素导致的，比如上司的忙碌、需要更多时间来仔细评估，或是公司内部的其他考量。

在客观评估的过程中，你也能够发现并肯定自己的优势，感受到自己的价值。这样的思考方式不仅能够帮助你更好地应对工作中的挑战，还能够促进你的个人成长和进步。

不必强求自己在短时间内就脱胎换骨。成长是一个漫长的过程，你要坚持进行有效的练习，还要接受中途可能会出现"反复"的状况，但是最终你会在时间的推移中，慢慢感受到自尊水平的提升。

情景 4 心里想说"不",嘴上却说"是"
——讨好者的诅咒:害怕拒绝

♥ Sam 的剧本:恐"拒"者的蜕变

这些年来,Sam 始终被一座隐形的囚笼所困,这座囚笼的名字叫作"不敢拒绝"。

Sam 自称,他从小到大都是一个"好说话"的人,习惯了顺从和迎合,只要别人开口找他帮忙,不管心里愿不愿意,有没有难言的苦衷,他都会答应。他害怕说"不",总觉得拒绝就意味着伤害,意味着失去他人的认同和喜爱。

在学校时,他是室友们口中的"热心肠",无论庆祝活动还是日常生活琐事,他总是第一个被叫去帮忙的人。然而,那些欢乐的背后,是 Sam 默默压缩自己的开支,牺牲自己的休息时间,只为了维持那份看似和谐的友情。

步入社会后,Sam 的讨好型人格特质更是让他在职场上倍感疲惫。他努力迎合上司和同事的期待,不惜牺牲自己的时间和精力,去应对那些本不在自己职责范围内的事情。每当有同事提出要求,他内心的那个"不"字就像被锁链牢牢锁住,始终无法挣脱出来。

> 每当我想说"不",嘴巴就自动变成"是"的复读机……

有一次,Sam 为了帮助一个同事准备重要的会议资料,连续加班了两个晚上。当他终于完成时,同事却提出了更过分的要求——希望他能一起制作 PPT。Sam 知道这并不是他的职责所在,但那个"不"字无比沉重,他害怕一旦说出口,就会破坏那脆弱的职场关系。于是,他再次选择了妥协。

然而,这种无休止的讨好和妥协并没有给 Sam 带来真正的认同和尊重。职场需要的是可以创造价值的员工,而不是把所有精力都用来讨好别人的"老好人"。他总是无条件地接受任何请求,牺牲自己的时间优先处理别人的事情,严重影响了他的工作效率和质量。渐渐地,他发现自己在团队中变得越来越不重要,甚至开始被边缘化。

直到有一天,Sam 在一次偶然的机会下读到了太宰治的

情景 4
心里想说"不",嘴上却说"是"

《人间失格》,书中的那一句"我的不幸,恰恰在于我缺乏拒绝的能力"如闪电般击中了他。Sam 开始反思自己的生活方式和价值观,意识到自己一直在用讨好去维持那些表面的和谐和认同。

从那一刻起,Sam 决定打破这个"不敢言'否'"的囚笼。在心理咨询师的帮助下,Sam 开始试着拒绝那些不合理的请求和要求,慢慢澄清自己的原则和底线。这个过程充满了困难和挑战,可他也逐渐发现自己的生活开始变得更加充实和有意义。他开始拥有更多的时间和精力去关注自己的成长,去追求那些真正能够让自己感到快乐和满足的事情。

Sam 不再是一个只会讨好别人的"老好人",不再没有原则和底线地接受他人的请求。他学会了拒绝,并发自内心地认识到,凭借讨好去维持的关系迟早都会破裂,没有谁是依靠服从他人的一切要求来证明自己的价值和尊严的,不懂拒绝的人生,注定会是一场苦涩之旅。

不敢拒绝的人,到底在怕什么

Simon 已经连续一个月奋战在工作的最前线,这期间一天也没有休息过。好不容易盼到了休息日,手里的项目

讨好型人格
想让所有人喜欢自己有错吗

也已经处理完,他满心期待地幻想着能在家中安静地度过一天,让自己的身心得到充分的放松。然而,一通来自好友的电话,像一块巨石般打破了这份平静。

电话那头,好友的声音中透露着少见的恳求,他希望Simon能够帮忙完成一个程序项目。Simon的眉头紧锁,他明白自己此刻的身体和心灵都急需休息,可好友的请求让他陷入了深深的矛盾之中。

他深知好友平时很少开口求人,这次定是遇到了难题,这让他感到既心疼又无奈。好友还特意预订了午餐的餐厅,这份细心与周到让Simon更加难以抉择。他一边想着自己的疲惫与渴望休息的身体,一边又想着好友那充满期待的眼神,心中的天平摇摆不定,无法决定是应该拒绝还是答应。

在矛盾的挣扎中,Simon最终选择了妥协。他告诉自己,只是一个小小的程序项目,应该不会耗费太多精力。然而,当他真正开始投入工作时,却发现事情远比想象中复杂。吃饭、聊天、往返的路程,再加上紧张的工作节奏,让他的体力和精力都达到了极限。

晚上回到家,Simon疲惫不堪地躺在床上,心中充满了复杂的情绪。他感到既欣慰又懊悔。欣慰的是帮助朋友解决了问题,赢得了对方的认可;懊悔的是,牺牲了自己的休息时间来满足他人的请求,这种付出是对自己的透支。

情景 4
心里想说"不",嘴上却说"是"

面对那些让自己感到无比纠结的人和事,特别是那些来自好友或同事的诚恳请求,讨好者总会感到内心如被巨石压迫。可是,明明内心在呼喊"我不愿意",可那些拒绝的话语却如同卡在喉咙里,怎么也说不出口。最后,只能硬生生地把"不"字咽下去,取而代之的是无奈的点头和承诺。

毫无疑问,这是一场沉重的内耗,讨好者不仅要承受违心的痛苦,还要额外付出时间和精力去完成那些本不想做的事情。每一次的妥协和退让,都在无声地蚕食着讨好者的内心。为什么他们非要自欺欺人、忍气吞声,而不直截了当地拒绝呢?

> 一想到别人的"期待"秒变"心碎",我就瑟瑟发抖……

讨好型人格者不敢说"不",对拒绝感到羞愧,是因为害怕让别人失望。

每个人生来既是独立的,又是需要他人照顾的。独立,意味着可以有自己的态度、信念和选择,可以有自己理想的生活;需要他人照顾,意味着成年之前无法独自生活,要依赖于养育者的照料。许多讨好型人格者在成长的过程中，没有得到养育者良好的关注和照料，甚至还总被挑剔、指责，被赋予过高的期望和要求，尚弱小的他们无力反抗和拒绝，只能默默承受，并在不知不觉中背上了一连串"身份的包袱"：

"作为子女，我不能让父母失望。"
"作为父母，我不能让孩子失望。"
"作为朋友，我不能让友人失望。"
"作为爱人，我不能让伴侣失望。"
"作为下属，我不能让领导失望。"
"作为领导，我不能让员工失望。"

讨好者认为自己有义务满足别人的期望，不能让别人失望。在这样的信念之下，一旦拒绝了别人，讨好者就会萌生出强烈的愧疚感，认为自己伤害了对方。

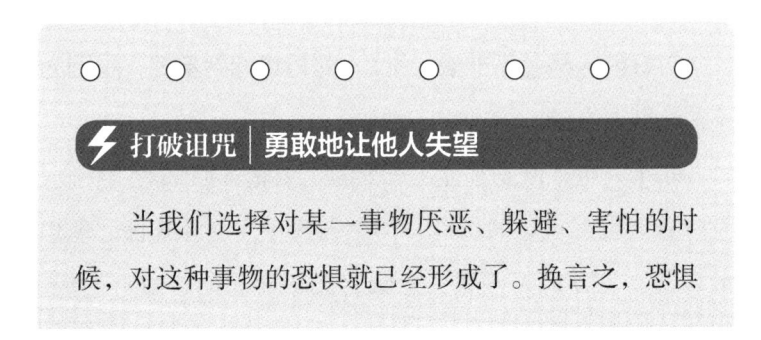

⚡ 打破诅咒 | 勇敢地让他人失望

当我们选择对某一事物厌恶、躲避、害怕的时候，对这种事物的恐惧就已经形成了。换言之，恐惧

情景 4
心里想说"不",嘴上却说"是"

由心生,是我们首先相信了某一事物是可怕的,然后才有了各种恐惧的表现。

对讨好型人格者来说,"让他人失望"是可怕的。要战胜这种恐惧,唯一的方法就是主动面对,向大脑证明你所恐惧的东西实际上并不危险。

怎样向大脑证明呢?强迫暴露!

你必须心甘情愿地暴露在自己认为的恐惧场景中,真实地感受到自己曾经认为的恐惧,并且意识到自己的恐惧是完全没有必要的,以此来达到战胜恐惧的目的。换言之,你要去接近自己害怕的东西,而不是逃避,这样大脑才会停止害怕。

如果你想摆脱"害怕让人失望"的裹挟,你必须去做可能让他们感到失望的事,如:告诉同事你不能帮他处理工作,告诉家人你不想出席亲戚聚会,并容忍随之而来的恐惧。

被拒者的痛苦不是你造成的

Jessica 是一个善解人意的姑娘,深受周围人的喜欢。可是，这位好姑娘的内心却常常充满挣扎与矛盾，内心的"两个我"总是会发动没有硝烟的战争。

真实的我："为什么我要接受他的邀请呢？我周末原本已经有了自己的安排。"

讨好的我："他很少主动约我，如果我不去，会不会显得我不够重视他？"

真实的我："我难得有这样一个周末，只想安静地在家读读书，享受一下独处时光。"

讨好的我："如果我拒绝了，他会不会很难过？会不会让我们的关系受损？"

Jessica在这两种声音之间摇摆不定，她渴望找到一种既能满足自己内心需求，又不伤害他人情感的平衡方式。可惜，没有办法实现两全其美。

Jessica不敢作出拒绝的决定，依靠的不是理性的分析，而是出于害怕伤害朋友的心理。为了朋友不受伤害，她只好委曲求全，选择违心应承。

试问：Jessica拒绝了朋友的邀约，朋友真的会感觉很受伤吗？也许会，也许不会。可是，在Jessica看来，答案只有一种——"肯定会"。

讨好者总觉得别人是脆弱的，关系是脆弱的，难以承受被拒的痛苦，其实这只是他们内心的投射，是他们自己

情景 4
心里想说"不",嘴上却说"是"

难以接受别人的拒绝。同样,被拒绝的人感到难过和痛苦,也不是拒绝者(讨好者)造成的,而是他们的内心有尚未解决的情结。

事实是,你无法也无须为他人的情绪负责。无论你的拒绝是否合理,对方都可能会或可能不会生气、难过、痛苦。

有些人难过,是因为被拒的情境让他重新体验到成长过程中的某种痛苦,那不是你造成的;有些人难过,是因为他们本身缺乏同理心,无法设身处地为你着想。当他们心智成熟了,再回想起这些事,对你的怨言也会烟消云散。

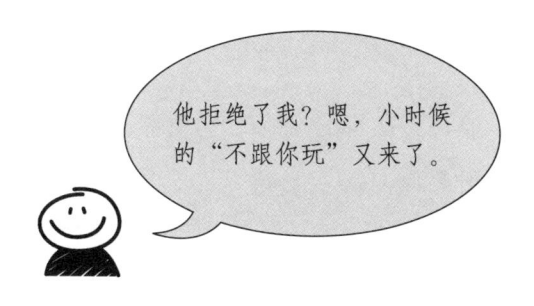

> 他拒绝了我?嗯,小时候的"不跟你玩"又来了。

每个人都有权利保护自己的界限和选择,面对不想做的事,不妨大胆地表达出来。即使别人的心中会掀起波澜,会感到难过,那也是他们必须面对的人生课题,你无须为他人的情绪买单,只需保持自己的真诚和坦率。坚定地说出"不",不仅是为了自己的安宁,也是给他人明确的界限,让他们有机会去理解和接受。请记住,你的价值不在于满足他人的期待,而在于坚持自己的真实和完整。

熟人面前，坦诚胜过借口

Susan 的好友意外扭伤了右脚的脚踝，无法正常开车。出于好心，Susan 毫不犹豫地答应接下来的一个月里帮朋友开车，毕竟她们上班还算是顺路。

起初的一周里，Susan 尚能应对自如，没有太多的不适。然而，进入第二周后，疲惫感开始逐渐侵蚀她的身心；更让她困扰的是，虽然是出于情谊帮忙，可朋友似乎并不领情，还对她的驾驶技术挑三拣四，甚至指责她开得慢、不会超车。

这种双重压力让 Susan 倍感心力交瘁，由于频繁地奔波于朋友与工作之间，Susan 的精力被严重分散，在工作中表现得心不在焉，受到了老板的批评。面对这种焦头烂额的状态，Susan 很是心烦，觉得自己可能过于冲动地答应了朋友的请求。

不只是讨好型人格者，许多人在生活中都会陷入一种情感困境：当熟悉的人遭遇困难时，良知与情分往往会让我们难以开口拒绝对方的请求，担心会因为一个"不"字伤了情谊，且不知道该用什么样的方式拒绝更妥当。

情景 4
心里想说"不",嘴上却说"是"

> 熟人一开口,我就像自动开了蓝牙,不想连接却难以关闭……

面对熟人的请求,无须寻找任何借口来掩饰真实的想法,更不必带着愧疚去解释。

拒绝必然是有道理的,它源于内心的权衡和选择。只要对方也在意你的处境,即便会暂时感到不悦,最终也会尊重你的真实与坦诚。这样的拒绝不会伤害彼此的情谊,反而能够增进相互的理解和尊重。

"五一"假期前夕,我收到了好友晓白的邀请,她希望我们能在这个难得的假期里小聚一下。晓白的工作很忙,常常穿梭于各地,休息时间不多。每当有空闲,她更倾向于用来补充睡眠和恢复精力,几乎不参与额外的社交活动,就连亲戚的聚会也常常缺席。然而,这次她却主动邀请我出来,这份心意确实让我感到特别珍贵。

收到晓白的邀请时,我内心充满了欣喜,但同时也有些犹豫。因为我已经提前规划好了假期的安排,计划要专心完成3篇约稿。上一次我们见面还是去年的春天,已经

讨好型人格
想让所有人喜欢自己有错吗

有一年之久了。然而，经过深思熟虑，我还是决定回绝这次邀请。

我没找任何借口，直接向她表达了我的想法和安排："晓白，非常感谢你的邀请，能被你如此看重，我深感荣幸。可我已经计划好了假期要完成3篇稿件，这对我来说是一项重要的任务，需要全神贯注。如果勉强赴约，我担心自己会心不在焉，也怕让你觉得我不够投入。考虑了一晚，决定还是按照自己的节奏来，并真诚地告诉你我的决定，希望你能理解。"

晓白听后直言她有些失望，但她也表示理解并欣赏我的坦诚。她说："虽然被这样拒绝让我有些失落，但我喜欢我们之间这种真实的沟通。朋友之间相处，真诚和尊重是很重要的。"

与其绞尽脑汁去想如何委婉地回绝熟人，不如直接表达自己的想法和感受。真正的朋友会理解并尊重彼此的选择，不会因合理的拒绝而恼火；明知你不愿意，还让你为难，这种缺少尊重的关系，也要思考是否值得继续了。

以Susan遇到的情况为例，她完全可以用另一种方式来处理。

Susan："听到你的脚扭伤了，我很担心。你能在这个时

情景 4
心里想说"不",嘴上却说"是"

候想到我,我觉得很欣慰。但我还是要跟你说,这次可能没办法直接帮助你了。"

朋友:"为什么呢?"

Susan:"我近期的工作任务特别重,我已经答应了领导要全身心投入到一个新项目中,这是一个对工作的承诺,我不能轻易违背。所以,在时间上我确实无法保证能够照顾到你。我知道你的情况特殊,也需要帮助,但我确实没有时间。"

朋友:"咱俩关系这么好……"

Susan:"正是因为我珍惜咱们之间的情谊,才坦诚地告诉你实情,让你知道我的现状和想法。如果可以的话,我肯定会帮忙,但这次真的不行。"

朋友:"你现在好像只关心自己的事。"

Susan:"我知道这样说的话容易被误会,但情况并不是你想的那样。"

朋友:"你说的话,我听着很不舒服。"

Susan:"你想多了,我不是因为不在乎你才拒绝。我已经答应了领导,近期会全身心投入到新项目中,这个项目很重要。所以,我没办法帮你。"

朋友:"我还是觉得自己不被重视。"

Susan:"你这样想也正常,谁都希望别人能把自己放在很重要的位置上。你冷静一下,听我说,我们现在不要浪费时间去争吵这些了,最好还是想想办法,看能够找到谁来照顾你。咱们一起商量一下，看这个问题该怎么解决。"

朋友："你说得也有道理，还是想想怎么解决问题吧。"

Susan："嗯，你也认真想想，我也琢磨一下。你好好养伤，有空我就过来看你。现在，我还有工作要忙，先不跟你说了，再见。"

有时引起他人反感和抵触的不是拒绝本身，而是拒绝的方式。特别是在面对熟人的时候，如果能在拒绝之后给出合情合理的解释，往往都能赢得对方的理解。如果条件允许，且对方接受，可以提供替代方案，实现双赢。

拒绝不是自私，甩掉道德绑架

想摆脱"害怕让人失望"的枷锁，唯一的出路就是鼓起勇气拒绝。道理简单易懂，可真要执行起来并不简单，它意味着必须要穿过重重的心理阻碍。

"拒绝＝自私"的观念，是讨好型人格者思维中的一把枷锁。

他们总觉得，对别人说"不"是自私自利，全然不顾对方的感受。在这把枷锁的桎梏之下，只要脑子里萌生出

情景 4
心里想说"不",嘴上却说"是"

拒绝的念头,立刻就会被愧疚感笼罩,觉得对不起别人。当这种批判的声音来自外界时,哪怕是对方出于某种目的而刻意制造的道德绑架,为了摆脱负面标签,他们也会违心地接受。

某自媒体公众号曾经举办过一场特别的活动,鼓励网友们分享自己"拒绝别人"的经历和理由。活动结束后,后台收到了超过150份真挚的回复,每个人都坦诚地讲述了自己的故事,给出的理由多种多样,如:珍惜自己的时间、与个人兴趣不符、日程安排冲突、坚守原则、避免不必要的麻烦、感受到被利用、对方态度不佳等。

令人惊讶的是,近60%的网友坦言,他们在日常生活中很少拒绝他人。至于原因,多数人都指向了一个共同的困惑——拒绝后产生的愧疚感。他们内心常常充斥着这样的质疑:"从道义上来说,我是否应该伸出援手?""我这么做是不是太自私了?"

在《季羡林谈人生》中,季先生这样睿智地阐述:"能够百分之六十为他人着想,百分之四十为自己着想,他就是一个及格的好人。"做一个心怀善意的好人,并不意味着在所有情况下都要将他人置于首位。人生不是用来讨好他人的,善良也不该被随意消遣和浪费,不拒绝那些不愿为之的事情，如何腾出时间和精力去追寻内心真正渴望的东西？

> 给善良上一份"拒绝险"，以防被"他人的失望"撞伤！

我的朋友W是一位经验丰富的临床心理学家，他经常受邀进行各种演讲。有一次，我刚走进W的办公室，恰巧听到他的助理正在电话中向他人解释：

"虽然演讲本身只有一小时，可是W老师需要为此做很多的准备工作。"

"而且地点也有些远，来回需要两个多小时的车程呢！"

"接不接受演讲邀请，和一个人有没有爱心，没有直接的关系吧？"

"感谢您的邀请，但是很抱歉，W老师的确无法出席，他的日程已经排满了。"

从助理的回答中，我大致能够推断出事情的概况。

W经常会收到各种演讲邀请，但他的时间很有限，没办法一一应允。面对拒绝，有些邀请者自然会感到不悦，他们往往会极力游说，甚至试图通过"道德绑架"来迫使W改变主意，强调演讲的公益性，暗示拒绝等于缺乏爱心，

情景 4
心里想说"不",嘴上却说"是"

等等。幸运的是,W 的助理逻辑清晰,从不受这种道德绑架的影响,且 W 本人也对此类评判不以为意。

如果这样的情形落在讨好型人格者身上,往往是另一番景象:他们一听到"拒绝就是没爱心、自私"之类的指责,极有可能会立刻自我质疑、自我否定,认为自己"品德有缺",从而屈服于对方的请求。

乐于助人、奉献爱心是美德,但拒绝并不意味着冷漠和自私。拒绝,是对自己的人生负责,也是对生命的珍视,更是对自我的保护。

Mandy 和先生共同经营一家公司,先生的妹妹和妹夫也在公司工作。后来,Mandy 的先生因病去世,她不得不独自承担起公司的运营重任。勉强支撑了几年以后,Mandy 感觉越发力不从心,萌生了将公司转让的念头。

妹妹和妹夫劝 Mandy,公司是 Mandy 和哥哥多年的心血,这样卖掉太可惜了。夫妇两人提出,他们有心继续经营,只是经济实力不足。之后,Mandy 的婆婆找到她,请求她低价把公司转让给妹妹和妹夫,可是婆婆说的价格低得让 Mandy 惊愕,别的买家出资 1500 万元,婆婆开口就把价格压到了 500 万元,还声称"都是一家人"。

Mandy 无法接受这样的提议,因为这个价格严重低估了公司的价值，也违背了公平交易的原则。婆婆对此并不理解，反而指责她自私。这让 Mandy 感到既委屈又郁闷。这些年来，妹妹和妹夫在公司中享受着优厚的待遇，现在却要求她以极低的价格转让公司，这本身就是一种不公平的要求。

妹妹和妹夫为了自身利益，让婆婆出面对她进行情感勒索，试图迫使她接受不合理的条件，他们却完全不觉得自己的行为是自私的。Mandy 决定坚持自己的态度，不接受任何的道德绑架，她要为公司寻找一个合适的买家，转让给能够继续发扬其价值的人，同时也为公司的员工们找到一个好的归宿。

拒绝不是自私，而是一种自保，它体现了你的心声、你的愿望、你的尊严和你的价值，宣示着你在捍卫自己珍视的东西。当别人的期待和欲望超出你的承受范围时，你完全可以坦坦荡荡地拒绝，不带任何羞愧，因为这是你的权利——遵从内心，忠于自我。

情景 5 总是默默承受，不敢提要求
——讨好者的诅咒：压抑需求

♥ Ella 的剧本：无声的渴求

> 我就想提一个小小的要求，可是嘴巴怎么都不肯合作……

在含蓄内敛的文化底色之下，向亲近的人直白地表达爱意，会让很多人感到羞涩和难堪。然而，对 Ella 来说，比"我爱你"更难以启齿的是"我想要"。

亲密关系里的 Ella，努力做一个"善解人意的女孩"。

Ella 与男友已携手走过一年的时光，在这段看似亲密的关系中，Ella 却时常感到自己是在"演戏"，不敢在对方面

前展现出真实的自己。其实,Ella心里有着许多小小的期待和愿望,比如:想让男友在生日那天给她买一束喜欢的鲜花,或是希望他偶尔可以接送她上下班,或是一起去新开的网红餐厅"探店"。

可是,这些事情她从来没有跟男友说过。她害怕自己的要求会让对方感到困扰或不满,更担心他会讨厌自己。在男友面前,她始终努力维持着一种懂事、体贴、善解人意的样子,却忽略了真正亲密的关系需要坦诚和真实的沟通。

职场里的Ella,始终是一个"说得少、做得多的老好人"。在同事眼里,Ella和气、友善、工作能力强、很好说话。其实,Ella过得并不舒服。她一直都在超负荷工作,经常替那些工作拖拉、效率低下的组员收拾"烂摊子",可大家拿到的薪水都是一样的,从来没有人给予她真诚的感激与回报,都是口头上说一些漂亮话。Ella比部门里的其他人做事都用心,却不敢向老板提出加薪的要求。

这些问题虽然没有说出来,可她无法欺骗自己的感受。私下里,她经常因为这些事情感到心烦,给自己造成了严重的精神内耗。明明内心有那么多渴望,有那么多不满,却始终开不了口说出真实的心声。Ella厌恶懦弱、胆小的自己,却不知道该怎样打破这份沉默。

情景 5
总是默默承受，不敢提要求

为何表达需求让你感到羞耻

心理学上有一个现象叫作"习得性无助"，是指一个人经历了失败和挫折后，面对问题时产生的无能为力的心理状态和行为。

在成长过程中，孩子最初都是可以主动地表达需求的，且不会为此感到羞耻。可是，当表述需求的行为对应的是一次次的拒绝、否定或指责，他就会逐渐内化出一个经验："对别人来说，我的需求是不重要的，表达需求会招人讨厌，会被人拒绝。"当一个人有过多次提出需求而被忽视的经历，他会认为表达自己的需求是没有意义的，不可能得到满足，进而会产生无能为力的心理状态，不再表达自己的需求。

> 唉，还是别说了吧！这样肯定会招人讨厌的。

Ella 在成长的过程中，一直被妈妈灌输"你要坚强、你要独立、你要自力更生、你要胜过他人"的观念，这使她

讨好型人格
想让所有人喜欢自己有错吗

形成了一种相对狭隘的思维方式，错误地认为寻求帮助和表达需求是软弱和无能的象征；即便遭遇困境，也倾向于独自面对，而非向他人求助。

受养育模式的影响，Ella 一直在体验并强化这样一种情感：表达需求是不好的，是不招人喜欢的，会被最重要的人（妈妈）讨厌和抛弃。

小时候，Ella 家里的生活条件不太好，每次学校让交书本费，母亲都会抱怨："整天就知道要钱……"虽然 Ella 不是要钱用来满足自己的私欲，只是传达学校的要求，但母亲的态度却让她觉得自己就是一个"累赘"，自己提出的"需求"给母亲增加了经济负担，由此生出一种羞耻感和愧疚感。

成年之后，Ella 在其他的人际关系中也延续了这一思维模式。她不敢轻易地向别人提要求，甚至不敢花钱满足自己的需求，每次买东西都要先看价格，稍微贵一点的都不舍得买，潜意识里总觉得"不应该"——"我怎么能买这么贵的东西呢？"

没有人生来就是讨好型人格，每一个讨好他人、压抑自我需求的人，都曾有过未被善待的经验。年少的 Ella 在向母亲提出需求时，得到的反馈是抱怨、指责和愤怒，这样的体验给她留下了阴影，并让她渐渐压抑了自己的需求，并形成了一个错误的信念：提出需求会惹人讨厌，我是不值得被满足的。

> **⚡ 打破诅咒 | 学会表达需求**
>
> 请你相信，作为成年人的你现在完全有能力走出"不敢提要求"的心理困境，去满足自己的需求。
>
> **第一步：树立全新的认知。**
>
> 改变的第一步是重建认知：我的需求是重要的，有需求不是一件可耻的事，我可以落落大方地提出自己的要求。当你逐渐体验到自己可以提要求，且自己的需求被他人看见并得到回应时，这种持续正向的体验会缓解你对表达需求的恐惧，从而逐步替代原有的负向体验。
>
> **第二步：重新解读结果。**
>
> 在练习表达需求和提要求的过程中，你可能还是会遭受拒绝，或得不到想要的结果，但这并不意味着"提要求是错的"，更不意味着"我不值得被满足"，只不过是当下"这个人"无法在"这件事情"上满足你的要求而已。
>
> 你要接纳结果的多种可能性，以多元的视角去看

> 待自己与环境，同时也可以尝试与对方讨论自己的感受，促进沟通和相互理解。切记，表达"我需要"是为了靠近真实的自己，是对自己和他人的信任，更是建立真实关系的开始。

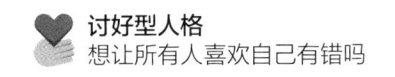

别用"吃亏是福"安慰自己

经营人际关系与做生意有相通之处，都需要具备双赢的思想，不能将其视为一种角斗，只顾追逐自己的利益最大化。如果总是锱铢必较，一点点亏都不肯吃，总想成为获得的一方，这种平衡就会被打破，导致关系的破裂。

古人说的"吃亏是福"，其实是一种利益交换。换句话说，只有在利益交换的前提下，"吃亏"才有可能演变成"福气"。眼前吃一点小亏，可以换取更长远、更丰厚的利益，至于这份福气具体指代的是什么，每个人都有自己的理解。

在现实生活中，许多人并没有真正领悟"吃亏与福气"之间的关系，反而在自身利益平白无故遭遇损害时，把这句话搬出来作为自我安慰。讨好型人格者经常会犯这样的

情景 5
总是默默承受，不敢提要求

毛病，他们放任自己吃亏，不敢提要求，总是替别人踩坑、挡祸、背锅……自以为这么做可以带来福气，结果却落得"哑巴吃黄连，有苦说不出"。

小林是某公司的程序员，可他的工作却不只是编程。每次公司推出新项目，全体员工都要迎来一场硬仗，但总有些人做事习惯性地拖延。在他们看来，即使自己做不完，还可以找"替补"来帮忙。当截止日期临近时，他们会把目光锁定在小林身上，见他的工作快完成了，就开始对他说好话，求他帮忙。结果，小林就成了"全能替补"。

无数个加班的夜晚，小林埋头于电脑前，不仅完成自己的任务，还帮助同事解决难题，填补他们留下的空白。每当项目成功，同事们虽然口头上对小林赞不绝口，但背后的责任与压力，往往悄无声息地落在了他的肩上。如果项目出了问题，小林也总是那个首先站出来承担责任的人，他相信，这是自己"吃亏"换来的"福"——即成长与经验的积累。

然而，一次重大的失误让小林开始重新审视自己的信念。在极度疲惫的状态下，他帮助同事处理的任务出现了错误，而同事却巧妙地将责任推给了他。面对领导的严厉批评，小林默默接受了。

这件事发生后不久，公司因资金链问题不得不裁员，

讨好型人格
想让所有人喜欢自己有错吗

小林这个总是默默付出、从不计较得失的"老好人",却因为缺乏在本职工作上的突出表现而被列入了裁员名单。在离职的那天,同事们或忙于工作,或敷衍了事地表达着安慰:"你这么年轻,不愁找不到好去处。"这样的情景让小林既心酸,又心寒。他忍不住质问:"都说吃亏是福,我平时吃了那么多的亏,为什么最后吃大亏的还是我?"

小林的遭遇着实有些可怜,但这份可怜的背后多少也有点"咎由自取",不能全怪他人。工作拖拉的同事总想把自己的事情丢给小林,小林完全可以不接受这些请求。同事之间的关系是平等的,大家都是普通人,没有那么多时间和精力。尽心尽力做好自己的事是本分,在有条件的情况下助人一把是美德,不接受附加的分外事也是合乎情理的,大家都是各凭本事吃饭,谈不上谁亏欠谁。退一步说,即使是给同事提供帮助,也当让对方仔细进行检查、核实,不要平白无故背上一份沉重的责任,最后落一个费力不讨好。

无关紧要的小事上糊涂一点,不会有什么大损失,也能彰显格局和气度;生意场上主动让出一部分利益,是一种双赢策略,可以换取更长久的合作。如果不分轻重,什么亏都吃,被人坑了默默承受,买了假冒商品不求索赔,那不是胸襟宽广,而是软弱无能。

情景 5
总是默默承受，不敢提要求

打破潜意识里的"我不配"

去年夏天，我和朋友晓怡一起买茶饮，当时包里刚好有一些零钱，就没有扫码支付。我递给了营业员 40 元纸币，按照 2 杯茶饮的价格计算，他需要找我 1 元钱。

营业员递给我一张 1 元的纸币，我看了一下，纸币破旧不堪。我并没有过多地考虑，直觉驱使我提出了一个简单的要求："这张纸币太旧了，麻烦您帮我换一张新的吧。"营业员微笑着接过那张纸币，然后从抽屉里拿出了一枚崭新的 1 元硬币递给了我。

这原本只是一件微不足道的小事，平凡到几乎不会引起任何人的注意。我之所以对这件事记忆深刻，是因为事后晓怡对我说的那番话："你知道吗？如果是我的话，我可能就直接收下了那张旧纸币，不好意思麻烦别人去换。但看你刚刚那么自然、那么直接地提出来，我有点羡慕。这件微不足道的小事，对我来说是一道难以跨越的障碍。"

晓怡的这番话让我陷入了沉思。是的，生活中的许多小事，虽然看似微不足道，但背后却可能隐藏着每个人的个性、习惯、经历乃至创伤。我完全理解晓怡说的话，以及她提到的那种"被小事困住"的挣扎与折磨。

讨好型人格
想让所有人喜欢自己有错吗

不敢向他人提要求，是讨好型人格的一个明显特征。他们习惯了戴着"老好人"的面具，对别人发出的请求，从来都是有求必应；可到了自己这里，即使是正当的需求，也觉得难以开口。他们经常压抑自己的需要，委曲求全，如果迫不得已麻烦了别人，一定要想方设法补偿对方，否则内心会充满不安和愧疚。

> 一直在心里默默练习提要求，但每次都只是"演习"而已。

对于购买茶饮时遇到的找零问题，晓怡给出了她的解释："那张1元纸币虽然破旧，但实际上并不影响使用。我犹豫是否要求营业员换一张新的，是因为我担心提出这样的要求，似乎显得过于'挑剔'或'矫情'。万一营业员告诉我没有新的纸币，我可能会非常尴尬，内心不愿意面对这样的情形。还有，当时后面排队的人众多，我也担心因为这1元钱的小事浪费大家的时间，引起别人的不满。"

在晓怡给出的一系列解释中，几乎每一点都是围绕"他人"展开的：怕别人觉得自己挑剔或矫情，怕遭到营业

情景 5
总是默默承受，不敢提要求

员的拒绝，怕被其他顾客指责和厌恶。她完全没有考虑，那张破旧的1元钱可能并不会立刻花出去，装在兜里不久后就会面目全非，根本没法再用了。

"老好人"不只是不敢对外人提要求，在家人、朋友和同事面前，也经常会压抑自己的需求，怕给对方添麻烦。之所以会有这样的想法，还是"不配得"的错误观念在作祟。

心理学上的配得感，是指一个人对自己的价值和能力有清晰的认知与自信，相信自己配得上更好的物质、认可、关怀与爱，即"我值得拥有"。

讨好型人格者的内心深处大都有一个自卑、软弱的小孩，潜意识里有强烈的"不配得感"：总觉得自己低人一等，不值得被重视，不配提出自己的需求。

当努力学习有了回报，赢得了老师的赞许，内心忽然很忐忑，怀疑自己是否真的能成为"学霸"。结果，开始故意懈怠，让自己原地踏步。

当减肥初见成效，眼看就能步入苗条行列，却突然觉得自己不可能拥有"女神身材"，就开始在饮食上放纵，陷入"瘦—胖—瘦"的循环。

当大公司的橄榄枝伸来，却因为不自信而找借口婉拒了，担心自己无法融入那个满是优秀者的圈层，只好找一家小公司,重复着过往的步调。

当条件优秀的异性表现出爱意时,总是缺乏勇气接受,担心自己配不上对方,想象着总有一天对方会弃自己而去,只敢接受条件不如自己的对象。

这一系列循环不断加深了那个根深蒂固的信念——"看,我就是配不上……"

⚡ 打破诅咒 | 走出"我不配"的牢笼

"我不配"是一个负面的自我信念,会影响个体的自尊水平与配得感。很多时候,为了维持这个错误的、不真实的自我信念,讨好者会白白错过许多美好的机会和事物。如果不能走出这个心理牢笼,糟糕的故事情节还会一直上演。

如何才能打破"我不好—我不配—得不到"的恶性循环呢?

从现在开始,不断地提醒自己:"过去发生的那些事情,不是因为我不好;过去没有被满足需求,不是因为我不配。"你需要树立一个新的信念:"那些糟糕的经历不是我的错,不能说明我是一个怎样的人。"

情景 5
总是默默承受，不敢提要求

> 当"我不好"的信念慢慢松动后，有些改变就会自然而然地发生。也许只是从提出一个小小的需求开始——"我今天想吃巧克力蛋糕""我希望周末你陪我一起爬山"……每一次的尝试和努力，都是通往更好未来的脚步。相信自己，勇敢地迈出那一步，也许你会发现，自己原本就值得拥有更好的一切。

提升自己的满足感与配得感

讨好者经常压抑自己的需求，但这些被压抑的需求和情感不会消失，而是以其他的方式表现出来，可能是身体上的疾病，也可能会在情绪积累到一定程度时集中爆发。

37岁的蔡女士，身为公司的后勤主管，每天的工作被各种烦琐的事务填满，有时忙碌到连喝口水的时间都挤不出来。回到家里，她又要扛起妻子和母亲的职责，忙于家务和孩子的学业辅导。周末除了陪伴孩子参加课外班，还得抽出时间照顾卧病在床的父亲。

这种紧凑的节奏让蔡女士深感疲惫，情绪也起伏不定。

特别是在协助孩子学习时,她很难控制情绪,总是对孩子发脾气。蔡女士深知这种状态对亲子关系不利,但短时间内又难以找到平衡。于是,她向我求助,希望我能够帮助她控制自己的情绪。

经过几番深入的交流,我发现蔡女士并不是缺乏育儿技巧,而是她的精力和体力已经严重透支。当我问到"给你半天空闲的时光,你会做什么"时,蔡女士流露出内心深埋已久的渴望:"我希望能静静地喝一杯咖啡,什么都不想。"

那次咨询结束后,我给她布置了一项"家庭作业"——安排半天时间享受咖啡时光。然而,蔡女士并没有如期完成这项任务。她原本计划周日下午前往咖啡厅,可是刚走到半路时,一种强烈的"愧疚感"涌上心头。她担心自己这样做显得过于自私,只顾自己的享受而忽略了需要照顾的父亲。因此,她改变了方向,转而前往父母家。

蔡女士的行为反映了她内心深处的矛盾:总是关注着身边人的需求,却从未向他人说出自己的感受。即使放松对她来说是必要的,但在满足自身需求的过程中,她仍然感到不安和愧疚。习惯了为事业奔忙、为家庭操劳的她,连喝一杯咖啡的时间都舍不得留给自己。在她看来,为别人付出多少都是应该的,为自己做一点事情、花一点钱都要遭受内心的谴责,似乎满足了自己的需求,就会给别人带来伤害和痛苦。

感受是真实存在的,压抑不代表消解,它只会积压在心中变成一种"怨",以更糟糕的方式爆发。讨好型人格者一定要主动觉知和重视自己的感受,并要敢于自我满足,这样不仅可以让自己恢复情感精力,还能提升配得感与幸福感。退一步说,如果你都不重视自己,不敢满足自己的真实需要,又何来勇气向他人提要求呢?

⚡ 打破诅咒 | 在生活中关照自我

讨好者要修习的一门功课是善待自我,且不为此感到愧疚。如果总把时间和精力投注在别人身上,不给自己留任何缓冲的空间,终有一日会精疲力竭。

下面有一些自我关照的建议,你不妨将它们融入自己的生活中:

1. 规律作息,保持充沛的精力

人的精力基石是体能,保持规律的生活作息、良好的睡眠、健康的饮食,对稳定和平衡情绪很有帮助。如果你感到累了,千万不要硬撑,留出几小时让自己彻底放松一下,你会更有精神和能量去应对琐碎的事务。

2. 留一段时间，做点喜欢的事

适当调整一下自己每天的时间使用情况，力求专门安排一段时间用来做自己喜欢的事，让自己从压力的情境中抽离，暂时放下心理负担，获得喘息的空间。不要感到羞耻和不安，停下是为了更好地出发；更何况，只有先把自己照顾好，你才有余力照顾他人。

3. 重视自己，为自我价值投资

不要总想着为他人付出、成就他人，也要关照好自己的身体（如定期体检、看牙医、健身），做一些能够提升自我价值的事（如学习一门技能）。

情景 6 和谁在一起都会受委屈
——讨好者的诅咒：缺少边界

❤ Yuki 的剧本：受伤的天使

> 和谁搭戏都演"受气包"，我能换个角色吗？

Yuki 和 YOYO 是合租的室友，两人共同承担着生活的压力，分享着彼此的生活琐事。

YOYO 很节俭，平时极少买衣服，经常向 Yuki 借衣服穿。Yuki 不太在意这个事，因为大学室友也经常借她的衣服。然而，随着时间的推移，YOYO 除了频繁向 Yuki 借衣服，还会趁 Yuki 不在家时，擅自翻看她的私人物品，从照片、信件到手机里的信息，无一幸免。

对于这些事，Yuki 感到很不舒服，毕竟自己的隐私在被他人窥探，可出于对关系的维护，她还是选择了隐忍，只是偶尔用委婉的方式提醒一下YOYO。YOYO似乎并没有意识到Yuki的不满，或许是不在意，反而更加肆无忌惮。

有一天，Yuki惊讶地发现YOYO正戴着她最喜欢的一对耳钉。这对耳钉是男朋友送给她的，她一直小心翼翼地收藏在抽屉里，平时很少戴，如今却被YOYO私自取出戴在了自己的耳朵上。她心里很不乐意，想质问YOYO为什么没有询问自己就私自拿去戴，可是她终究没说出口，只是告诉YOYO："明天我要参加一个会议，这耳钉我需要用。"

Yuki心里很憋屈，她和YOYO合租期间，自己总是吃亏的一方：YOYO一直穿她的衣服，不管是新的还是旧的；经常翻看她的东西，洗护用品也是随意用；好几次充值水电费，都让Yuki独自去营业厅，声称自己没有时间。

其实，不只是和YOYO，Yuki跟其他人相处时也总是处于弱势地位。上学的时候，为了跟室友搞好关系，她总是迁就和忍让，主动给大家买零食；上班以后，她承担了许多额外的事务，热心地为领导和同事们"服务"；即使是乘坐地铁，她也会不自觉地照顾别人的感受，拖着疲惫的身体给他人让座。

可是，同住的室友YOYO似乎觉得，使用Yuki的一切物品都是理所应当的；同事觉得，每天清洗咖啡机就是

情景 6
和谁在一起都会受委屈

Yuki 的职责，他们也并没有对 Yuki 心存感激。在一次公司聚会上，同事甚至还当众嘲笑 Yuki 在工作中犯的错，而她只能尴尬地笑着应对。

最让 Yuki 难过和痛苦的，还是远在千里之外的父母。他们似乎只关心 Yuki 每个月赚多少钱，能不能升职加薪。每次打电话，他们都会忍不住催婚，声称隔壁的谁谁结婚了，收了多少的彩礼……他们从来不会问 Yuki 过得辛不辛苦，好像也不在意她幸不幸福。

周末，Yuki 独自一个人坐在书店里，回想着自己与周围人的相处经历，无论是父母、亲戚、朋友、室友还是同事，跟谁在一起，她都在承受委屈。她忍不住掩面痛哭，在心里声嘶力竭地质问：为什么受伤的总是我？我到底做错了什么？

为什么谁都敢欺负你

Yuki 想不明白，为什么自己对所有人都很好，结果不仅没得到尊重，反而还被欺负。其实，这个剧本是 Yuki 亲自撰写的！

别人对待你的方式，都经过了你的"允许"。

> 你把自己变成了"可塑橡皮",别人当然会随意拿捏了……

人性的弱点之一,就是欺软怕硬。你越是软弱、逆来顺受,没有边界意识,对方越会欺负、利用你;反之,你越是自信强大,有原则和底线,别人越不敢轻易践踏你。

没有边界意识,允许任何人随意侵入自己的生活,就是很容易被利用、被操控、被欺负。周围人都觉得你好说话、好使唤,自然就会得寸进尺:

"大家都是同事,相互帮忙不是应该的吗?"
"认识这么多年了,你真好意思拒绝我呀?"
"别那么小气,只是开个玩笑而已!"
"你把车子借我用一下吧,很快就还给你。"
"欠你的钱暂时还不上,你得容我点儿时间呀!"
"他们都有孩子,就你没成家,你加个班吧!"

约翰·汤森德博士在谈论心理边界时说:"心理界限健全的人,对于生活和他人都有明朗的态度,做事的立场也很坚定,观点清晰,有自己的追求和信仰;相反,生活中

情景 6
和谁在一起都会受委屈

没有界限的人,恰恰是因为心里没有判断的标准,因而做什么事都举棋不定、态度暧昧,对待爱情、工作和生活,完全没有参考的标准。这样的人在与人交往时,总处于被动的境地,一旦别人态度稍微强势些,他们就会毫不犹豫地妥协和退让。"

关系是人的一面镜子,人也是关系的一面镜子。那些令人痛苦和压抑的关系,往往都潜藏着界限模糊和缺失的问题。只是,许多讨好者尚未意识到这一点,总是被情义与道德绑架,不知道如何维护自己的权益。

请记住心理学家欧内斯特·哈特曼的忠告:"如果自我是一座古堡,那么心理边界强度便是古堡外的一圈护城河。当然,护城河的宽度由自己决定。"讨好者想要摆脱"总是被欺负、受委屈"的窘境,必须要学会的生存技能就是——设立边界。

设定心理边界的四个效用

边界是空间的分隔物,可以用来分隔物理空间,也可以用来界定自己和他人的情绪和价值观,指明在某些情况下自己可以接受的事物，以及自己希望以怎样的方式被他人对待。

从心理学角度来说，设定边界对讨好型人格者会产生四个积极效用：

> 你是你，我是我，怎么就"不分你我"了呢？

1. 明确"我"是一个独立自主的人，不是谁的附属品

边界的第一个作用是区分不同的事物，从心理学角度诠释，就是区分"我"是一个独立的、自主的个体，而不是他人（父母或配偶）的附属品。这种区分的意义在于，强调了自我认同感，明确了自己的责任范围与非责任范围。

当个体有了清晰的边界意识时，他会清楚地知道自己是什么样的人，清楚自己的喜好、需求和价值观，按照自己的意愿作出选择。如此，他就不会陷入"不分彼此"的关系中，也可以拒绝他人的各种不合理请求。

> 我不是"万能钥匙",有些锁开不了,强扭就断了。

2. 告知"我"希望以怎样的方式被对待,减少情感伤害

边界的第二个作用是设定限制,清楚地知道"我可以接受哪些事情""我无法接受哪些事情",以此来指导自己的决策和行为;同时,也让他人知道"我希望被怎样对待",避免自己受到情感伤害。

在绝大多数情境中,讨好型人格者面临的不是身体安全的威胁,而是情感层面的挑战。这些挑战虽不直接危及生命,可带来的心灵痛苦却是深刻且真实的。

如果你发现自己时常被欺负、轻视或贬低,甚至为那些你并未做过的事情承受指责和羞辱,不论这些行为来自何人,它们都在无形中对你造成了情感上的伤害。因此,提前设立明确的情感边界就显得尤为重要。一旦这些情形发生,你将能够敏锐地感知到情感安全受到侵犯,从而采

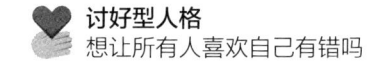

取行动制止对方的行为，有效保护自己不受进一步的伤害。

> 人生苦短，我得赶紧把时间"浪费"在热爱的事情上……谁也别拦着我。

3. 确保"我"把精力用在最重要的地方，减少精力耗损

我们的时间和精力是有限的，不可能无限制地用于满足他人的需求。讨好型人格者经常把自己搞得很疲惫，原因就是他们总是过度付出、过度承诺、被人利用，总将大量的精力耗费在别人的事情上，忽略了自己的要事。

边界的设定，实质上是一种资源的合理分配策略，它教会我们何时应当慷慨地回应他人的请求，何时又应当毫不犹豫地予以拒绝。通过设定这样的界限，确保将资源精准地投入到那些真正重要且符合自身价值观和优先级的事务上，避免过度劳累或违背自己的原则。

> 人生最大的荒唐,就是在烂人烂事上纠缠,它会耗光你所有的能量。

4. 教会"我"作出有益身心的选择,提升自尊与自信

边界是一种自我管理的工具,让个体远离那些有损身心健康的人和事;边界也是一种自我珍视的象征,让个体坚定地说出自己的想法、感受和需求,捍卫自己的立场,拒绝被他人利用和亏待。

边界是对自我的一种关爱,它会让你知道哪些事情对自己身心有益,哪些行为会有损身心健康,从而作出善待自己的选择。你不会强迫自己和那些消耗自己的人来往,因为你清楚地知道自己是怎样的人,想得到怎样的对待。当有人试图侵犯你的边界时,拿出强硬的态度,那些想要欺负你的人,自然就会明白你不是一个"软柿子",欺负你是要付出代价的。

讨好型人格
想让所有人喜欢自己有错吗

和朋友谈论边界会伤感情吗

对讨好型人格者来说，设立边界无疑是一个巨大的挑战。他们习惯以迎合他人的模式来维系和谐的氛围，一提到设立边界就感到惴惴不安。在他们看来，边界是一个苛刻的标签，犹如一条不可逾越的红线。他们担心，一旦赤裸裸地圈出边界，就会让他人感到被排斥或不被重视，尤其是朋友之间，这是他们最不愿意看到的画面。

实际上，这是对边界的严重误解。讨好者的担忧主要来自对他人情绪的过度敏感，以及对自身价值的低估。所以，在设立边界之前，讨好者需要先建立对边界的正确认知：

1. 设立边界，不是强迫对方改变行为

讨好者总觉得，设定边界就是为了让对方服从自己设定的某种规则，迫使对方改变自身的行为；要是不按照自己说的做，就得付出代价。这是一个误解，边界不是法律法规，每个人都得遵守，谁破坏规则，谁就要受惩罚。

我们设立边界的目的，不是限制或改变他人的行为，而是明确自己的需求和界限，以确保自己的情感和心理空间得到尊重和保护，这样有助于建立更加平等、相互尊重和理解的人际关系。记住，你的边界是你的，与他人无关，

它是你自我保护和自我实现的工具。

> 上班时间不闲聊……你想聊的话，可以换时间，也可以换人。

2. 设立边界，不是拒绝为他人付出

设立边界，并不意味着完全拒绝为他人付出。相反，它是一种智慧的体现，意味着既考虑他人的处境，也尊重自己的感受，作决定之前会进行全面的思考与权衡；在保持个人空间和独立性的同时，有选择性地为他人提供帮助和支持。这样不仅能够避免过度消耗自己的能量，还能确保自己的付出是出于真正的意愿和能力。

> 当我为别人做某件事时，那一定是我发自内心想要这么做！

3. 设立边界，不是与他人分隔

讨好型人格者常常错误地把边界想象为一堵坚硬的高

墙，虽然这堵墙能带来安全，却也意味着与他人的隔离。其实，健康的边界并非无法逾越的围墙，它更像是一扇智能的门，既可以敞开欢迎真心相待的人，又可以轻轻合上，保护自己免受不必要的侵扰。

朋友不同于家人，朋友是可以选择的，这也是友谊的魅力。朋友不一定都要结交一辈子，如果随着时间的流逝，或是各自所处的环境发生变化，发现彼此之间相处起来不似从前那么舒适，大可挥手再见，给其他融洽的友谊腾出空间，不必辛苦维系一段令自己不悦的关系。

现在你不妨回顾一下，有没有一些朋友的行为模式总是让你感到心烦意乱，或是很不舒服？如果有的话，说明你需要在朋友关系中设定界限了。

⚡ 打破诅咒 ｜ 在朋友关系中设定边界

1. 身体的不适感，可能是边界受到侵扰的信号

如果你和某些朋友相处时，总觉得胃部有痉挛感，或是出现其他的身体症状，说明这段关系给你带来了压力。此时，你就要设定界限，明确自己应该在哪些地方做出调整和改变，以便让自己感到舒适。

2. 放下思想包袱，谈论界限不代表不在乎朋友

你可能不太习惯和朋友谈论界限的话题，总觉得这样做预示着要疏远对方。其实，这是一种错误的信念。设置边界不是自私，是要让彼此更舒适地相处。你不妨提醒自己："我没有做错任何事，谈论界限不代表我不在乎朋友，我只是想让他们知道，我需要关注自己。"

3. 当朋友越界时，谈论边界问题更易获得理解

什么时间与朋友谈论边界的问题呢？贸然提起会显得很唐突，也缺少针对性，最合适的时机是：当朋友做出一些让你感到不舒服的行为时。比如：约会时迟到、频频谈论自己的负面情绪……这时与对方说明自己设定的界限，朋友更容易理解，并尊重你的感受和决定。

4. 用正向的话描述，可以有效避免分歧和误解

在告诉朋友自己设置的界限时，切忌直截了当地说"当你……我觉得你很啰唆"，这样的话听起来很刺耳，带有指责和贬低的意味，容易引发冲突。你可以用正向的话语来描述："如果你能……我会感觉更舒服。"这样既表达了自己的想法和需求，也提醒了对方今后该用什么样的方式与你沟通、相处。

5. 说出内心的不安，让对方了解你真实的感受

绝大多数时候，讨好型人格者是安静的倾听者，很少会主动谈及自己的情绪和感受。你可以试着敞开心扉，让朋友知道你在谈论自己的情绪时会感到不安，而后委婉地告诉他，他的某些行为给你带来了困扰，并提出你的需求或建议。

不要担心设定界限会伤害友谊，事实恰恰相反，只有设定界限，你才会知道谁是真正的朋友。那些真正在意你的人会尊重你的决定，因为他们希望你幸福；那些不尊重你的界限的人，实则已经逾越了你的界限。

亲密爱人也需亲密有间

Kelly 为了和阿凯在一起，放弃了出国深造的机会，也无视其他追求者的示好。她很喜欢阿凯，甚至有些黏人。她会将每天的大事小情都通过微信与阿凯分享，并期待他的回应。下班后，她还会提前驾车到阿凯的单位门口等待，两人一同享用晚餐，然后依依惜别。

情景 6
和谁在一起都会受委屈

这份爱在阿凯看来有些沉重。他承认,当不在 Kelly 身边时,他会想念她,但当两人相处时,他又会感受到一种莫名的压力。周末,他想跟朋友们去打球,可 Kelly 却希望他陪着她去逛街;下班后,他想和哥们儿聚餐,随便聊聊天,可 Kelly 总是如影随形,对他的日常活动施加诸多限制,这让他感到有些扫兴。

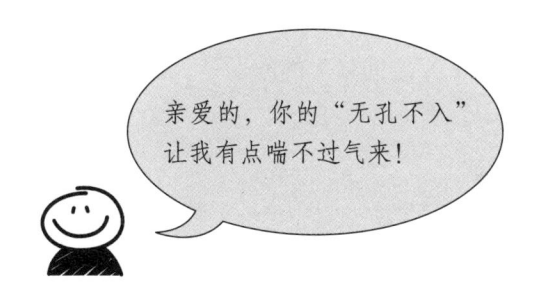

> 亲爱的,你的"无孔不入"让我有点喘不过气来!

最让阿凯无法忍受的是,Kelly 对他的隐私似乎有着过度的"窥探欲"。每次见面,她都会仔细检查他的手机,询问他与谁聊天,谈论了什么内容,若是发现新的联系人,更是会刨根问底,生怕阿凯与其他人有过多的接触。

面对这样的关系,阿凯曾多次考虑提出"暂时分开"的建议,可每当话到嘴边,他又会想到 Kelly 对自己的真心付出,害怕错过这份情感。然而,随着时间的推移,两人之间的氛围逐渐变得冷淡。阿凯变得沉默寡言,对 Kelly 的询问也只是敷衍应对。Kelly 开始怀疑阿凯变心,两人之间

讨好型人格
想让所有人喜欢自己有错吗

因此产生了隔阂。

生活常常让我们领悟到，物理距离的缩短并不总是伴随着心理距离的拉近。比如：同事之间，即使座位相邻，也可能彼此心存隔阂。阿凯对 Kelly 的情感是真实的，可为何在深入相处之后，他却产生了逃离这段关系的念头呢？

阿凯和 Kelly 之间最大的问题是，没有在亲密关系中设置合理的边界。

Kelly 所理解的爱是一种"非正常的共生关系"，她渴望彼此能够紧密无间，不分你我，生活中的每一件事情都要在第一时间与对方分享。然而，这种过度的亲密和缺乏边界感，实际上反映了她自我发展的不成熟。

阿凯珍视个人的隐私空间，认为每个人都有权利保留自己的一片天地。Kelly 的做法让他感觉自己失去了独立的空间。可在面对这种情况时，他选择了逃避而非直面问题。他希望通过"分手"的方式来摆脱这种令他不适的关系，这实际上是一种不会设置边界、不懂得有效沟通的表现。如果他能够勇敢地与 Kelly 进行对话，明确表达自己的感受和需要，或许能够找到一种双方都能接受的相处方式，而不是简单地以分手作为解决问题的手段。

情景 6
和谁在一起都会受委屈

不敢或不会在亲密关系中设置边界困扰着生活中的许多伴侣。在亲密关系中，少了健康的边界，可能会觉得另一半事无巨细地管着自己，失去了自由；可能会因为花钱方式有出入，引发严重的争吵；也可能因为对方无视自己的家务劳动，把刚刚打扫完的厨房弄得一塌糊涂，激起满腔的愤怒；还可能会为了不打扰伴侣的计划，调整自己的时间安排，结果耽搁了许多工作，把自己搞得焦头烂额……尽管这些行为都不足以成为结束这段关系的理由，可它们却严重扰乱了关系的平衡与融洽，总是让彼此陷入冲突之中。

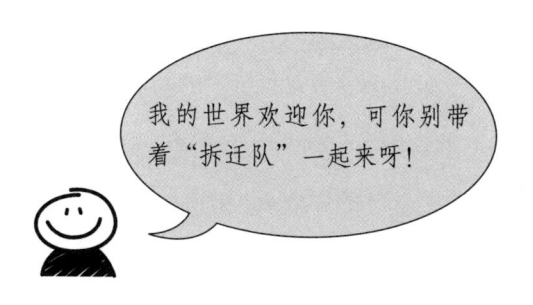

> 我的世界欢迎你，可你别带着"拆迁队"一起来呀！

人在亲密关系中存在两种恐惧，一种是被抛弃的恐惧，另一种是被吞没的恐惧。

两个独立的人成为伴侣，必然要经历打破界限、互相融入的过程，但融入不意味着彻底失去自我。为了避免产生被吞没的恐惧，就要设定边界以保护私密的心理空间。

⚡ 打破诅咒 | 如何实现"亲密有间"

美国心理学畅销书作者蔡斯·希尔认为,在设定亲密关系界限时,需要考虑六个因素:

(1)给双方想要做的事情留出足够的时间与空间。

(2)对彼此要承担的家务进行细分,明确各自的责任。

(3)爱你的伴侣,但当他的行为超出你能容忍的界限时,要适可而止。

(4)当伴侣越过你的界限时,只能原谅那些不违背你价值观的言行。

(5)对伴侣坦诚,同时也给伴侣坦诚的机会。

(6)明确自己的界限后,确保伴侣完全清楚你的界限,而后坚持自己的界限。

这些是为亲密关系设定边界的一些原则,你可以根据自己最看重的方面进行完善和细化。在此之前,如果你从来没有做过这件事,你的伴侣可能会表现出诧异,不明白为什么突然要做出改变。所以,和对方谈论界限这个话题,一定要找对时机。

(1)在你们心情愉悦的时候去讨论,不要在疲惫或争吵之后讨论。

（2）确保谈论这一话题时，不会被其他事物干扰。

（3）你希望伴侣在哪些方面做出改变，告知之后要给予解释。你要让伴侣知道，并不是因为他做错了什么，而是你希望过得更开心，希望让这段关系更深厚、更长久。

（4）真实地说出你的情绪、你的感受，不要强调伴侣带给你的感受。

（5）和伴侣讨论，如何让彼此共同成长，设定新的目标和学习内容。

（6）告诉伴侣，你依然很爱他。

当你思考要不要设立界限时，你可以想象一下"亲密有间"的生活是什么样的，以及不设界限的生活状况是什么样的。你会意识到，改变之后的双方会更容易沟通，更能相互理解，而你也可以更好地向伴侣表达你自己。

终结角色颠倒的亲子关系

海伦，一个常被外界视为"别人家孩子"的范本，她的成长之路伴随着不为人知的复杂情感。她自幼生活在单亲家庭，与母亲相依为命，有着超乎年龄的成熟与独立。学业上无须督促，成绩斐然；从7岁开始，她就主动承担起家务，熟练掌握生活技能，甚至用她的行动温暖着这个小家；在音乐方面，她不懈追求，小提琴的悠扬旋律中寄托着母亲未竟的梦想与期望。

然而，这份"完美"的背后，是海伦与母亲之间微妙而复杂的情感纽带。她深知母亲独自抚养自己的不易，对母亲充满了感激；可是，母亲的高标准、严要求，又让她感到压力重重。每当未能达到母亲的期望时，自责与愧疚便如潮水般涌来。这些年来，海伦一直是母亲的支柱，是小小家庭的守护者，她从未真正享受过作为孩子的无忧无虑，也没有体会过被照顾、被呵护、被宠爱的滋味。

如今，年届三十的海伦仍然和母亲住在同一屋檐下，她渴望独立，向往属于自己的生活空间与自由，但内心深处对母亲的依恋与担忧让她犹豫不决。多年的"亲职化"角色，让她在追求自我与照顾母亲之间陷入了深深的挣扎。她渴望找到一种方式，既能表达对母亲的爱与关心，又能

情景 6
和谁在一起都会受委屈

勇敢地迈出属于自己的步伐,活出真正的自我。

无论是年幼时的海伦,还是已步入而立之年的她,都身处在一个相似的情感旋涡中:作为女儿,她并未享受到来自母亲的呵护与关爱,反而常常需要放下自己的情感需求,扮演起照顾者、安抚者和满足者的角色。这种情感与责任的倒置,在心理学上被称为"亲职化"。

<u>亲职化,是指父母与孩子之间的角色发生颠倒,父母放弃了他们身为父母本该承担的责任,而将这种责任转移到孩子身上。</u>

亲职化主要有两种形态,一种是功能上的亲职化,即孩子过早地参与到做饭、打扫等家务中去,或是独自照料自己的身体需求,如独自看医生等;另一种是情绪上的亲职化,即成为父母的知己、顾问、情感照料者或家庭调解人。

许多讨好型人格者曾生活在亲职化的家庭关系中,他们自幼便承担起满足父母期望与需求的角色,不自觉地搁置了个人对于温暖、关注与正确引导的渴望,仿佛提前披上了成人的外衣,将纯真的自我深锁。

他们试图向父母展露孩童应有的脆弱与依赖,寻求呵护与关注，换来的却是失落与不被理解的回响。为了避免这份由内而外的挫败感，他们学会了自我压抑，将个人的情感需求与情绪表达深深掩埋。即便在外界看来，他们展现出了超乎年龄的成熟与理智，但内心深处，那份属于孩童的纯真与无助始终未曾消逝。每个孩子，无论年龄几何，本质上都是脆弱且需要依靠的，都需要来自守护者的温暖陪伴与坚定支持，以勇气和力量去探索未知、面对挑战。当没有人可依靠、可仰仗的时候，他们就陷入了缺乏安全感的状态；即便在成年后，他们也可能会继续以牺牲自我、讨好他人的方式来寻求一丝归属感与认可。

> 小时候以为自己是超级英雄，长大后发现，我才是那个等待救援的人。一棵急着长大的小豆芽，忘了自己还嫩着呢！

亲职化的关系不只剥夺了孩子的童年，它的影响是长期且深远的。

芭比来自一个五口之家，父亲有反社会倾向，母亲是一个懦弱、无主见的家庭主妇，哥哥高中辍学，妹妹还嗷

情景 6
和谁在一起都会受委屈

嗷待哺。

很小的时候,芭比就知道自己的家庭和别人"不一样",她也为此感到羞耻。为了修复家庭的形象,她在学校尽力做一个好学生,在家帮母亲做家务、照顾妹妹、做饭,可谓是这个家庭仅有的一份荣光。

然而,就是这个乖巧懂事的女孩,大学毕业后却出现了人格分裂的症状。她像是被激活了沉睡多年的另一个人格,放荡不羁地与各种不同的人约会,并开始酗酒、滥用药物,直到遇见她现在的丈夫乔治,这种混乱的生活才告一段落。后来,芭比接受了长达数年的心理治疗,才将童年时期的创伤慢慢治愈。

不是每一个亲职化的孩子都会像芭比一样出现严重的心理问题,可他们多半会存在下面的这些问题:情绪十分敏感、产生过度的责任感、难以建立健康的依恋关系。

⚡ 打破诅咒 | 夺回自己做孩子的权利

原生家庭无法选择,已发生的事实无法改变。也许现在的你已经长大独立,却仍然被亲职化关系的阴影笼罩着。面对这样的处境,如何才能够实现自我救赎呢？

1. 接受事实，父母没有用你需要的方式来爱你

要承认这一事实并不容易，需要处理深度愤怒、悲伤和委屈，会伴随泪水和不甘。但请记得，痛苦只是暂时的，每一次释怀都是通往自由的桥。放下过往，放下对父母的期待，树立全新的信念——"父母给不了的，我可以自己给，我会用自己需要的方式来爱自己，我也有能力自爱。"

2. 停止亲职化，用真实的自我与外部建立联系

在过去的很多年里，你的生活都是由亲职化自我建立的，你、父母和周围的人都认为，那就是真实的你。其实，你压抑了很多真实的需求与感受，那隐藏了真实的自我。

是时候揭开那层面纱了，用真实的你与外部世界建立联系。在这个过程中，你一定会遇到阻力，尤其是来自习惯你"旧模样"的亲人的阻力。最初你会感到痛苦，认为自己"背叛"了父母，此时你要提醒自己——亲职化关系是有问题的，过去被剥夺了做自己、做孩子的权利，现在你只是把属于自己的东西拿回来，追求健康、真实的自己不是背叛。

3. 重拾童真，为自己创造成为"孩子"的机会

在生活中创造一些可以让自己再次成为"孩子"的机会，寻找一些可以成为真实自我的情境，比如：逛动物园、去游乐场、荡秋千。小的时候你没有选择，只能提前成长，可是长大后的你，有能力为自己创造一些"时光倒流"的瞬间——在动物园里找回那份好奇，在游乐场里释放无拘无束的笑声，让秋千带你荡回无忧无虑的童年。这些情境可以让你重新成为"孩子"，找回那个曾经无忧无虑的自己。

4. 积极寻求帮助，让自己更好地疗愈和成长

当自我疗愈之路显得孤单或艰难，别忘了还有专业的灯塔为你指引。在咨询室的温馨角落里，与一位懂你的导师并肩，共同探索那些深藏的伤痛与渴望。每一次对话都将成为一次自我发现的旅程，爱与理解的光芒会照亮你前行的道路。记住，你不是孤军奋战，总有人愿意倾听，愿意陪你一起成长。

♥ 讨好型人格
想让所有人喜欢自己有错吗

♥ **别只顾着在职场中赔笑脸**

Sara 承接了一家公司的兼职会计工作，按照双方的约定，她每天的工作时间是上午 10 点~下午 2 点。由于其他部门的员工缺少财务知识，在跟 Sara 对接工作时沟通并不是很顺畅，Sara 要向他们解释很多问题，经常加班到下午 5~6 点。有时候，老板还会在晚上给 Sara 打电话，让她帮忙分析财务报表和相关数据，以便了解公司经营过程中存在的问题。

起初，为了维持合作关系，给老板留下一个好印象，Sara 没有对这些问题提出异议，就全盘接受了。渐渐地，她发现自己的工作量变得越来越多，但老板支付给她的薪水却没有增加，这让她的内心天平有些失衡，对这份工作的抱怨也越来越多。

几乎每个人在工作中都遇到过类似的问题：老板布置的任务量超出你的承受范围，不加班加点根本完不成；同组的搭档经常偷懒，把他负责的工作推给你；还有一些同事不懂分寸，经常跟你开一些过分的玩笑……这些事情或大或小，但都让你感到不舒服，总觉得在被人利用和欺负，让自己疲惫厌烦。

情景 6
和谁在一起都会受委屈

其实，这些现象都是在提醒你，你的个人边界遭到了侵犯。面对这些困惑，别说是讨好型人格者，任何人都会感到纠结和烦恼。这也是可以理解的，毕竟在职场中设定边界会给人一种压力感，担心自己会被辞退，害怕得罪同事，或是遭到孤立和排斥。

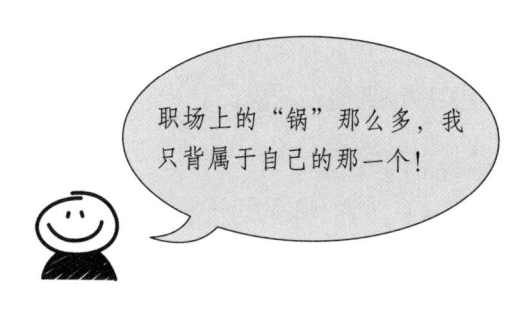

> 职场上的"锅"那么多，我只背属于自己的那一个！

我们无法保证设定职场边界不会导致任何消极的或意外的后果，但可以肯定的是，缺少边界导致的后果会严重影响工作状态，降低工作表现，拉低工作效率。

许多讨好者认为，多做一点工作，哪怕不是自己的分内事，也能换得一个好人缘。这种想法有点儿一厢情愿了。如果是制度完善的公司，肯定有一套专业的考核流程，如果你的业绩不达标，即使你做了很多分外之事，依然无法通过考核。

职场最忌讳个人职责不清，情分永远不能遮掩本分。当有人把手伸向你的领地时，你不能只顾着赔笑脸，而是要勇敢地明确那条边界。

⚡ 打破诅咒 ｜ 在职场中强化个人边界

1. 明确自己的权利：你有权利得到他人的公正对待

讨好型人格者经常会错误地认为自己无权设定边界，也无权得到他人的公正对待。想要设定边界，必须改变这一错误的信念，明晰自己在工作中拥有和他人一样的权利。倘若你不清楚哪些权利是理所应当争取和捍卫的，下面的这些提示应该对你有所帮助：

- 你有得到尊重的权利。
- 你有拒绝分外工作的权利。
- 你有安心休假的权利。
- 你有按照双方约定的条款获得报酬的权利。
- 你有不因年龄、性别、外貌、身体残疾等受到歧视的权利。
- 你有 ＿＿＿＿＿＿＿＿ 的权利。
- 你有 ＿＿＿＿＿＿＿＿ 的权利。
- 你有 ＿＿＿＿＿＿＿＿ 的权利。

（按照你的原则和需要，自行补充。）

情景 6
和谁在一起都会受委屈

2. 尊重自己的价值，为自己争取正当、合理的权益

认识到自己拥有权利并应当得到尊重，不代表别人就会尊重我们的权利。当别人无法理解或满足你的需求时，你必须尊重自己的价值、尊严、时间和精力，用坚决的态度亮出你的底线，为自己争取权益，满足自己的需求。

3. 警惕并跳出自动思维，不要轻易被罪恶感绑架

刚开始捍卫自己的边界时，你可能会不太适应，很容易被罪恶感绑架，忍不住要行使"圣母心"。此时，不要顺从自动思维，你可以停下来做三次深呼吸，然后问问自己：

- "这是不是我的分内事？"
- "我是真的愿意接受，还是习惯性地害怕拒绝？"
- "如果接受了这样的请求，会给我带来哪些影响？"

当之前的思维模式想要带着你跑的时候，进行这样一番自我对话，可以有效地强化自我意识，帮助你对抗"不敢拒绝"的坏习惯。

♥ 讨好型人格
　　想让所有人喜欢自己有错吗

♥ **如何应对没有边界意识的人**

　　当我们筑起心理防线，最为理想的情境莫过于他人能够尊重我们的想法，体谅我们的需求和感受，并欣然接受我们设定的界限。然而，现实往往不能尽如人意，总有一些人不懂得何谓尊重，即便知道有些做法会让你不悦，却还是去触碰你的底线。

　　现在你不妨审视一番，看看身边是否存在这样的人：

○ 频繁跨越他人的界限，不顾他人感受。
○ 总是随心所欲，对规则视若无睹。
○ 忽视他人的需求和情感，只关注自己的利益。
○ 惯于扮演受害者角色，博取同情。
○ 热衷于在背后议论他人，散播不实之词。
○ 试图控制他人，以实现自己的目的。
○ 习惯性撒谎，缺乏诚信。
○ 享受他人的帮助，却从不回以感激或报答。
○ 提出种种不合理的请求，不顾他人的实际情况。
○ 试图破坏他人与其亲人、朋友间的关系。
○ 坚信自己永远正确，无视他人的观点。

情景 6
和谁在一起都会受委屈

○一旦未达目的，便可能大发雷霆，甚至侮辱他人。
○犯错后鲜少道歉，即使道歉也显得敷衍了事。
○情绪起伏不定，甚至带有暴力倾向。
○贬低他人的价值观、生活方式和选择，以抬高自己。

面对这样的人，谁都会感到愤怒和不满，甚至忍不住对他发脾气。遗憾的是，就算你言辞激烈地指出对方的问题，他们也不会买你的账，还可能会反过来指责你苛刻、小气、性格不好，对你进行道德绑架，让你怀疑自己所设定的界限不合理。

当讨好者遇到爱挑衅他人边界的人，简直就是一场可怕的噩梦。讨好者原本就不太敢表达自己的感受，再加上对方的咄咄逼人，很容易被迫"就范"，任由他们欺负自己。对于这种油盐不进的挑衅者，该怎么办呢？

⚡ **打破诅咒** | 怎样应对挑衅自己边界的人

美国执证心理治疗师莎伦·马丁，在《边界感与分寸感》一书中指出，和爱挑衅他人边界的人相处要讲究技巧，采取特殊的策略。

1. 警惕对方可能做出的伤人行为，确保自己的人身安全

我们无法精准预知他人的行为，但一个人的过往行为可以为我们提供重要的参考。特别是那些习惯性地无视或践踏他人边界的人，更要加以警惕，不可低估他们会给他人带来的伤害。当你不可避免地需要面对这类人时，首先要考虑的是人身安全。

如果对方曾有威胁或暴力的行为记录，而你又必须与其交流，请务必选择公共场所进行会面。这不仅能为你提供更多的安全保障，也能在一定程度上减少对方的攻击性。

如果面对面的交流让你感到不安或恐惧，可以考虑使用电话或视频通话来沟通。这样的做法既能在一定程度上保护你的安全，又能让你在感到不适时随时中断对话。

不要试图与他们深入解释你的边界，他们一定会反攻你、指责你、否定你。一旦陷入争执，对方很可能会被激怒，从而令你陷入危险的境地。记住，保护自己的安全至关重要。

> 想挑衅？我不接招！
> 你自娱自乐去吧！

2. 控制自己的情绪，避免和对方进行争论

习惯挑衅他人边界的人，内心充斥着强烈的控制欲。他们擅长转移话题，用指责和攻击的手段将他人卷入无休止的争论中。与这类人相处，切记要保持冷静，掌控好自己的情绪，避免陷入权力之争的旋涡。当他们发现无法控制你，得不到他们想要的反应时，往往就会选择放弃。

3. 不过分纠缠，把精力用在能掌控的事情上

想与那些不讲道理、执拗纠缠的人划清界限，最佳的策略是专注于自己能够掌控的事情，不要试图去改变他们，因为这往往是无用功。你越是尝试与他们争辩，他们越是变本加厉。这类人很难承认自身有问题，大都以愤怒、否认和嘲笑作为回应。这样的现实令人沮丧，但你可以尽力在可以做的事情上付出努力，以满足自己的需求。

4. 接受不理想的解决方案，必要时可以结束关系

卓先生的母亲养了一只猫，这只猫的性格凶猛，过去抓伤过卓先生。虽然卓先生不与母亲同住，但母亲还是经常带着这只猫去卓先生家做客。卓先生明白，这只猫在母亲心中有着重要的地位，因此也从未阻止过。

不久前，卓先生的女儿降生了。考虑到女儿的安全，卓先生开始担心那只爱抓人的猫。于是，他郑重地与母亲沟通："妈，以后您来家里时，能不能不带猫了？我担心它可能会伤到孩子。"

这样的请求在一般人看来，完全是出于对家人安全的考虑，合情合理。然而，卓先生的母亲却对此感到十分不满。她认为儿子的话是在干涉自己的生活，是对自己的不尊重。她愤怒地说："我是你妈，你怎么能这样跟我说话，难道我连带猫来你家的权利都没有了吗？"接着，她开始发泄自己的愤怒，整个过程持续了10分钟之久。

卓先生是一个有边界感的人，懂得保护核心家庭成员的安全，他对母亲提出的要求是完全合理的。可是，卓先生的母亲根本听不进儿子的话，也不尊重儿子设置的边界。卓先生陷入了沉思，他意识到如果想

要保护孩子不被猫咪伤害,有两个解决方案:

方案1:拒绝母亲到自己家做客,选择在餐厅或咖啡厅见面。

方案2:当母亲带着猫到家里来时,拒绝给她开门。

卓先生并不希望用这样的方案解决问题,它们看起来都不是特别理想,甚至还显得有些冷漠,但最终他还是将自己的决定告诉了母亲。卓先生的做法给讨好型人格者树立了一个正向的榜样。

和难以沟通的人相处,有时必须接受不完美的解决方案,因为他们留给别人的选择余地太小了;必要的时候,甚至可以主动选择与对方斩断联系。

> 咱们的关系,还是恢复出厂设置吧!

在拒绝他人时,讨好型人格者也许会感觉有些失落,这是正常的。但是,你要提醒自己,作出这样的决定是有原因的。比如:"我之所以这么做,是为

讨好型人格
想让所有人喜欢自己有错吗

了保护自己和家人的安全""我有权决定谁可以来我家""父母不高兴,不代表我是错的""我不必为父母的情绪负责,我也没有义务去讨好、迎合他们"。

情景 7 为不属于自己的错误道歉
——讨好者的诅咒：回避冲突

♥ Martin 的剧本：沉默的守护者

Martin 性格内向，不喜欢主动出风头，且极力避免引起任何形式的冲突。

当环境中弥漫着负面的气息，很有可能会出现纷争与冲突时，Martin 会感觉很不自在。当和朋友的观点出现分歧时，他担心争论下去会发生冲突，即使内心深处仍然坚持自己的想法，可还是会选择迎合对方的观点，迁就对方，或是找一个彼此都能接受的方案，尽可能地避免纷争。

如果是身边的同事因为一点事情发生了争执，Martin 也会很紧张。他曾经有过被冲突的双方夹在中间的经历，体会过那种左右为难的滋味，所以他希望对峙的双方能尽快地回归平静，并主动充当调解员的角色，帮助他们调和矛盾。

在某些情境之中，即使不是他的问题，为了平息冲突和纷争，Martin 也会站出来承担责任。有一次，Martin 所

讨好型人格
想让所有人喜欢自己有错吗

在的部门因为同事小张的失误,一个重要的项目延误,引起了客户的极大不满,客户甚至要取消合作。领导得知后,愤怒地走进办公室,询问是怎么回事。办公室里一片死寂,小张脸色苍白地坐在角落,被领导的怒火吓得不敢出声。Martin 看着这一幕,心中虽然清楚责任并不在自己,可他却站出来说:"对不起,赵总。我会尽量安抚客户,把问题处理好。"领导看着他,眼中闪过一丝疑惑,但还是平息了一些怒火,点了点头,之后离开了办公室。

领导离开后,Martin 的内心被复杂的情绪填满。他感到了一丝解脱,因为领导的怒火似乎因为他的道歉而暂时平息了;与此同时,他又感到一种深深的无奈和悲哀,因为自己又一次为了逃避冲突而承担了不属于自己的责任。

Martin 很清楚,这并不是解决问题的正确方式,可他无法控制自己的行为。他不想看到小张尴尬的样子,不愿面对领导失望的眼神,更担心如果自己不站出来的话,整个办公室的气氛会变得更加紧张。

为什么你总是害怕与人冲突

明明不是自己的错误,也不是自己的责任,却主动选

情景 7
为不属于自己的错误道歉

择当"背锅侠",这种做法是不是太愚蠢了呢?对于 Martin 的做法,很多人表示难以理解,但其实这是讨好型人格者的一个明显特征。他们太害怕面对冲突了,宁愿沉默、委曲求全、主动背锅,也要维系平和的氛围。

讨好者这种避免冲突的态度是如何形成的呢?

儿时和父母逛街,Martin 总是要买一件小玩意儿回家,哪怕只是一颗糖,或是一张纸。有一次,他想买个玩具,母亲不同意,他就一直哭,但母亲并没有理会。回家之后,Martin 坐在客厅里继续吵闹,一直持续到晚上,父母和姐姐都睡了,也没有人搭理他。哭得累了,他就上床睡觉了。第二天醒来,他似乎忘了昨天的事,照常生活,内心没有任何波澜起伏。

讨好型人格者在童年时期,可能试图表达自己的需求,却遭到了养育者的斥责或忽视。即使表达了不满,也会被彻底无视。他们害怕,太坚持自己的看法会被养育者抛弃,于是他们选择尽量与父母保持"同频",不断调整自己对外界的看法。最后,他们找到了一种模式——完全妥协,不再把自己看成是重要的,通过认同父母来获得内心的和谐,并找到自己的位置。他们相信,只要自己乖乖听话,就会赢得父母和周围人的喜爱,就能得到恬静愉快的生活。

讨好型人格
想让所有人喜欢自己有错吗

Martin 很怕看见父母吵架，每当他们争吵时，他就会跑到自己的房间里。如果吵架声太大，他还会躲进衣柜，试图阻隔那些声音。有一次，父母吵完架，Martin 走出房门，看到母亲一声不响地坐在椅子上，愁眉苦脸。他当时很难过，就哭了起来，内心觉得母亲受到了伤害。可是第二天，他的内心又恢复了平静，似乎忘记了父母吵架的事。

在这样的环境中长大，Martin 养成了迎合讨好、畏惧冲突的人格特质。在他看来，只有把自己塑造成一个和善的形象，把自己的注意力投放到他人的立场，与别人"融为一体"，顺应别人的要求，避免因个人立场引起冲突，才能保证和谐、平静、安全的生活。

⚡ 打破诅咒 | 挣脱原生家庭的桎梏

也许是年少时不受重视的经历，在讨好者的内心发酵出了自卑的情结，这份自卑让他们不敢表达自己的想法，没有勇气面对冲突，只能自我麻醉。原生家庭对人格的负面影响，或许可以称为"原罪"，但它不总是谱写出悲惨的结局。

心理学家阿德勒说过："我们总是会遇到无数我

情景 7
为不属于自己的错误道歉

们无法克服的难题与障碍,但这一切并不能成为你自卑下去的理由。没有人能够长久忍受自卑情结的侵扰,还会因无法承受内心的压力而走上极端,只有克服自卑,让自己强大起来,才会成为真正的强者。"

> 家族 GPS 已关闭,我要手动驾驶人生!

世上没有完美的原生家庭,每个人或多或少都会受到原生家庭的影响,但它不是主宰命运的根本。学会向内去看,依靠自己的力量去弥补童年的缺失。当一个人不再拼命向外去寻找的时候,就走出了原生家庭的桎梏,成为自我人生的主宰。

如果你总是为了避免冲突一味地顺从他人,逃避自己的感受,那你有必要反思一下自己是不是被原生家庭禁锢了。现在的你已经长大,再不是当年的那个小孩,而你面对的人也不都像父母那样,会无视你的想法和感受;就算真的遇到了那样的人,你也要提醒自己,你已经长大了,有力量去捍卫自己的需

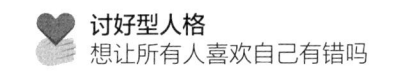

> 求和权益。
>
> 　　改变从来不是一蹴而就的,都是靠细微的积累。比如：在菜市场买菜时,你发现商贩算错了价格,当时周围全是顾客,到底说不说呢？尝试大胆地说出来吧！那不只是三五毛钱,而是在合理的情况下,勇于表达意见,为自己争取权益。

回避冲突是一条难走的路

　　用委屈自己、讨好他人的方式来回避冲突,原本是为了走一条"容易"的路,企图避免任何摩擦和争执,维系融洽的关系和氛围。然而,事情并没有预想的那么简单,讨好者越怕与人发生冲突,冲突非但不会消失,还会变得越来越多。

　　为什么回避冲突解决不了问题呢？它会给讨好者带来哪些恶果呢？

1. 讨好者容易成为被欺凌的对象

　　过度畏惧冲突,习惯性地以他人需求为中心,其实是在用一种微妙的方式削弱自己的边界。它像是一种无声的

情景 7
为不属于自己的错误道歉

邀请，对那些内心渴望通过扩张边界来寻求心理优越感的人来说，无疑是一个难以抗拒的诱惑。他们会小心试探，逐步侵蚀讨好者的边界，直到那片原本属于个人的领地变得面目全非。

> 原本是想省点儿事，结果却成了自找麻烦……

在被欺凌的情境下，害怕冲突的讨好者往往会将冲突视为个人失败的象征，将责任归咎于自己，从而更加坚定回避冲突的决心。这种自我归罪的心理，不仅无法解决问题，还会助长霸凌者的嚣张气焰。同时，它也向外界传递了一种"可欺"的信号，使那些擅长欺负他人的人更容易将目标锁定在讨好者的身上。

2. 情绪被积压，攻击自身或强烈爆发

害怕冲突的讨好者往往对负面情绪（如愤怒、焦虑）有着高度的敏感性和回避倾向。他们担心这些情绪的表达会破坏人际关系，因此选择压抑或隐藏自己的真实感受。然而，这种情绪管理策略虽然短期内可能避免冲突，但长期来看却可能导致情绪的积压。被压抑的情绪能量不会消失，

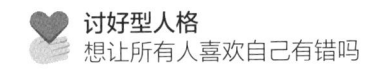

会转而攻击自身或在某个时刻以不恰当的形式强烈爆发。

3. 讨好者在群体中得不到尊重

一个人在群体中的价值，根本在于他所作出的贡献，而非他对他人的讨好与取悦。因恐惧冲突而倾向于无意识取悦他人的讨好者，误以为通过无原则的顺从就能赢得他人的喜爱与尊重。然而，这是一个认知误区。

在群体中，人们更倾向于尊重那些有主见、勇于表达且能力出众的人，而非那些一味妥协、缺乏个人立场的人。即便一个人拥有潜在的能力与才华，如果长期因害怕冲突而选择沉默与退缩，那么这些能力也难以被他人察觉与认可。这会导致他们在群体中被边缘化，甚至连最基本的尊重都难以获得。

隐忍不能免去所有的麻烦

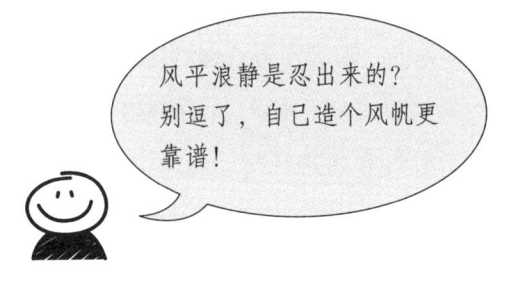

> 风平浪静是忍出来的？别逗了，自己造个风帆更靠谱！

在橙子的成长过程中，父母的箴言"与人为善，懂得

情景 7
为不属于自己的错误道歉

忍让"如同指南针,引领她长成了一个性格温和、易于相处的姑娘,极少与人发生矛盾。

然而,不发脾气并不意味着没有情绪波动。事实上,橙子常常需要极力克制自己的脾气,以维持平静温和的形象。这种长期的自我压抑让她感到很不舒服。面对言语不当之人,她内心虽有愤怒,可为了维护自己的形象,仍然选择隐忍,把所有的不满深埋心底。

父母的初衷无疑是希望橙子能以宽广的胸怀面对生活,减少不必要的烦恼与纷争。可是,在传递这一理念的同时,他们并没有告诉橙子隐忍与退让的限度与边界。少了这样的解释,橙子在面对复杂情况时,只知道一味地忍让,却不知道善意和隐忍不能免去所有的麻烦,反而会让自己陷入更艰难的处境。

《杨绛传》中有这样一段话:"你有不伤人的教养,却缺少一种不被别人伤害的气场。若没有人护你周全,就请你以后善良中带点锋芒,为自己保驾护航。"树欲静而风不止,你越想息事宁人,不平静的事越会来招惹你;你越想当一个隐忍的老好人,越会被人无止境地侵犯底线。

面对鸡毛蒜皮的小事,的确没有必要大动干戈,可是保留脾气是应该的,不能什么事都往后退。你要让对方看清楚你的态度,不能做砧板上的鱼肉,任人宰割,毫无还

讨好型人格
想让所有人喜欢自己有错吗

手之力。

有幸读到一位哲人的肺腑之言,他试图让只会隐忍退让的老好人们看清一个事实:"我多么愿意别人欣赏我的礼貌、我的大度,可实际上,他们只是享受我的礼貌,甚至奸污我的礼貌。有的人即便你无数次忍让他,也不能停止他的攻击与辱骂,他只会越来越猖獗,到后来连我的家人都要连带一起骂。如果我不打断他,他是不会罢休的。"

不要总是用扭曲的好人思维麻痹自己,认为自己对别人好,别人就会对自己好。现实不是一个理想的童话世界,并非所有人都像你一样善良、温和、懂分寸,总有一些人喜欢得寸进尺、变本加厉。没有锋芒的善意,在他们看来就是软弱好欺;没有底线的友好与隐忍,换来的就是肆无忌惮的压榨和索取。

温和友善是你的修养,但别磨掉自己的脾气,不要用勉强和委曲来压抑自己。该退步时宽容大度,该争取时决不妥协,这份态度的存在是为了提醒和警示他人——"我不是一个人人可捏的软柿子,欺负我是要付出成本和代价的!"

善良是一种选择,而不是一种责任;你可以选择对人友善,也可以选择不再退让。不要为了一双不合适的鞋子

情景 7
为不属于自己的错误道歉

委屈自己的脚。如果你很介意一件事,不妨直接告诉对方;如果你不愿意做一件事,也不必勉强;如果对方的侮辱让你愤怒,就勇敢地谴责和反抗。

作家余华说:"当我们凶狠地对待这个世界时,世界突然变得温文尔雅了。"

你没必要表现得多么"凶狠",只是别把自己规训成一只温顺乖巧的"兔子",没有任何的攻击性,人人可欺;你要做一只有刺、有爪、有獠牙,但又不会轻易伤人的"野兽",因为有爪牙才会让人敬畏,能自控才是修养。

看见愤怒情绪的积极意义

讨好型人格者总觉得,只要不发脾气就能够避免冲突。殊不知,冲突不会消失,不在外部解决,就会变成自我冲突。正因如此,他们的内心总是充满了挣扎:一方面是不断积累的被压抑的愤怒情绪,另一方面是对各方立场的全面考量和顾虑。

从人格成长的层面来说,讨好型人格者需要破除思维上的桎梏,不能只盯着"愤怒—冲突"的关系,还要看到"愤怒—保护"的关系。

愤怒有可怕的一面，但也是一个强有力的保护者。当我们的生命、权利、尊严、个人边界受到威胁时，愤怒是最直接、最真实的反应，它在提醒我们——正视感受、保护自己、捍卫自己，认真对待眼前这件让你愤怒的事。这是愤怒情绪存在的积极意义。如果能够选择用直接的方式表达出愤怒，内心将会获得极大的解脱，下面是一位来访者与我分享的心得体会：

"让我明确自己的立场是一件很难的事，可是对于他人的某些言行，有时我的内心会感到无比愤怒，只是不会轻易表现出来。一年之中，也会爆发那么两三次，但是每次爆发都很可怕。那种感觉难以形容，整个人变得很兴奋，身体也充满了力量，就像是我终于找到了自己的立场并表达出来，从而获得了一份奖赏。

"现在的我已经改变了很多，学会了表达自己的愤怒，且不需要特别针对某个人。我欣喜地发现，世界并没有因为我表达出了自己的不满而轰然倒塌，这种体验颠覆了我过去的认知，也给我的生活带来了改变。在与人相处时，我越来越多地体会到，我的想法、我的感受、我的不满，也是会被人倾听和理解的；即使彼此有不同的看法，也不意味着各抒己见会让关系受损。当然，有些时候我还是会犹豫、纠结或是顺从，但也没关系，成长本就是缓慢的。"

情景 7
为不属于自己的错误道歉

> 表达愤怒≠愤怒地表达！

情绪是人类正常的心理活动，无论正面还是负面，都有其存在的意义，不必进行褒贬的评价。没有任何一位情绪管理专家说，控制情绪就是不能愤怒、不能发脾气。对自我情感的压抑，也是对自我的苛待。必要时，明确立场、表达愤怒，可以让对方清楚你的态度，知晓你的底线。

改变畏惧冲突的心理模式

为了避免与他人发生冲突，维持人际和谐，张辰总是主动放弃自己的利益，有意见也不敢直言。久而久之，这种妥协和退让的姿态让他在群体中逐渐失去了发声和争取权益的能力。别人开始越来越不考虑张辰的感受，将其视为透明人，甚至当他试图争取利益或表达意见时，也会遭遇拒绝或无视。

就这样，张辰在公司里成了"透明人"，价值被忽视，处境也变得越发艰难。终于有一天，张辰感到难以忍受，并以激烈的反抗来表达自己的不满，结果却遭遇了冷眼，所有人都认为他歇斯底里，不可理喻。

张辰离开了原来的公司，重新找了一份工作，而后又开始重复这样的模式：最初小心翼翼地融入新群体，不敢制造或卷入任何冲突，委曲求全，可最终还是因剧烈的冲突而与群体决裂。

渐渐地，张辰开始害怕群体生活，他觉得与人相处特别累。为了避免冲突，他整天都在应和、讨好别人，生怕别人不高兴或对自己有意见。这样的生活让张辰感到卑微和疲惫。有时他也会扪心自问：为什么我会成为这样的人？他无数次地告诉自己，不能再这样卑微、怯懦地活下去，可是第二天又重复着以往的模式。

表面和善的张辰与真实的张辰产生了强烈的冲突，让他陷入内耗之中，疲惫不堪又心事重重，不知道如何才能走出这个困境。

讨好型人格者害怕与人发生冲突，其根源在于一个不合理的认知——人际冲突会给自己带来灾难化的影响，这种结果是自己无法应对的。这种错误想法的形成与早年的成长经历有关。

情景 7
为不属于自己的错误道歉

试想一下,当一个孩子面对拥有着绝对控制权的养育者时,一旦他表示抗议,就会遭到斥责或惩罚,那么为了生存,他只能遵从父母的要求。久而久之,孩子就会将这种行为模式迁移到与他人的互动中,极力避免与他人发生冲突,因为他担心自己会不被他人喜欢,会遭受负面评价或是严厉的惩罚。

⚡ 打破诅咒 | 如何才能不再害怕冲突

想要转变害怕人际冲突的心理模式,最重要的是修正内心对冲突的错误认知。

1. 表达个人意见 ≠ 对他人有敌意

讨好者在成长过程中,总是不被允许表达自己的想法,且养育者很有可能将表达意见贴上了"敌意"的标签,致使他们形成了不合理的认知。其实,每个人都有表达个人意见和看法的权利,这不是对他人的反对,更不是敌意。

2. 人际冲突是一种正常的存在

人际交往的本质是不同思想的碰撞与融合,我们寻求共同点,同时也尊重差异,在冲突中寻找一种动态平衡,既坚持自己的观点,又可以适当地作出妥协，以此与他人进行有效互动，最终达成一个双方都能接受的折中方案。所以，健康的人际关系并不是没有冲突，而是将冲突视为一种正常的存在，彼此相互尊重，也接纳不同的意见。

3. 把表达不同意见和情绪区分开

讨好者常常会把表达意见和由此引发的情绪混为一谈。他们潜意识里认为，表达意见是不好的，会传递出敌意和攻击性，会带来风险。所以，当他们不得不表达自己的想法时，通常就会表现出敌意或不爽的情绪。接收信息的一方，最先感受到的不是信息本身，而是负面的情绪。这种被感受到的敌意又引发了新的情绪和敌意，最终导致人际冲突。

> 意见不同，就好比口味不同……我只是点个菜，不是来砸场子的！

所以，讨好者需要觉察自己在表达不同意见时是否带有情绪，并探究这种情绪的来源，努力将其剔除，以平和的姿态说出自己的想法。千万不要在表达

> 中携带潜意识的敌意，否则的话，表面上看是在表达不同意见，实际上却是在传递冲突的信号。总之，你越能平和地表达自己的不同意见，越容易得到他人的尊重和采纳，且越不容易引发冲突。

练习用恰当的方式处理冲突

对于冲突，既不要主动引发，也不要刻意回避，保持不迎不拒、顺其自然的态度。和谐的关系不在于完全规避冲突，而在于适当地处理和面对冲突。托马斯－基尔曼冲突模型（表7-1）是世界领先的冲突解决方法，它划分了5种常见的冲突处理方式和适用情形，讨好型人格者不妨以此作为参考，练习用恰当的方式处理冲突。

表7-1 托马斯－基尔曼冲突模型

冲突处理方式	适用情形
竞争	1. 情况紧急，须迅速决策并采取行动 2. 关乎利益的重大问题或原则性问题 3. 对方可以从非强制手段中获益

续表

冲突处理方式	适用情形
合作	1. 关乎双方的共同利益 2. 需要向他人学习、获得指导 3. 需要集思广益或依赖他人 4. 出于情感关系的考量
折中	1. 目标很重要，但不值得与对方闹僵 2. 因时间有限需要选择权宜之计 3. 让复杂问题得到暂时的解决 4. 合作与竞争未取得成效
回避	1. 无关紧要的小事 2. 付出的代价大于回报 3. 有更适宜解决冲突的人 4. 问题已偏离正轨
顺从	1. 错在自己时 2. 问题对他人比对自己更重要时 3. 树立好的声誉 4. 和平相处为第一要义时

情景 8 隐藏真实的情绪感受
——讨好者的诅咒：伪装自我

Ailey 的剧本：态度娃娃

> 只要微笑，什么问题都能解决？不，一直笑是有问题的……

《态度娃娃》是一条时长只有 6 分 37 秒的短片，讲述了一个惊悚又充满黑色幽默的故事。

故事的主人公叫 Ailey。下午茶时，她询问朋友们自己有没有什么变化，朋友们都说没什么不同，而后便聊起了其他话题。可是，Ailey 却摸着自己的脸，内心默默地念叨着："为什么没有人发现我变成了一个娃娃呢？"

镜头切换到 Ailey 的童年。一个小男孩踢球时打翻了鱼缸，致使 Ailey 的小金鱼被摔死了。男孩不安地向 Ailey 道歉，

Ailey 却笑着说:"没关系,真的没关系,我再买一条就好了。"其实,她的内心很难过,那抹微笑是勉强挤出来的。

Ailey 默默地告诫自己:"只要发自内心地笑,没有解决不了的问题。"

自那之后,Ailey 开始微笑着面对所有人。不管遇到什么事情,她都会笑着说:"没关系啊!"周围人纷纷夸赞她:"真是个好姑娘""你人真好"。

然而,总是笑也是有问题的。Ailey 对着镜子敲打自己的脸,发出了一阵空壳声,她的脸变成了一张只会微笑的面具,除了微笑,她再也做不出其他的表情。可是,周围人并没有发现 Ailey 的异常,她的微笑还引来了星探的注意,对方称她的微笑太鼓舞人心了!

就这样,Ailey 成了受人瞩目的艺人,她那张像玩偶娃娃一般的微笑假面,滑稽般地掀起了一股热潮。女孩们纷纷将她奉为偶像——"Ailey 真可爱""Ailey 的笑容真灿烂",并争先恐后地购买"Ailey 微笑保持器",想把自己变成 Ailey 那样。

面对粉丝们的狂热,Ailey 的内心无比挣扎,因为她越来越讨厌自己那张一成不变的笑脸了。终于,忍无可忍的 Ailey 在她的演唱会上做出了一个惊天的举动。她当着众多粉丝的面,亲手捣毁了自己的微笑面具,且拼命地喊道:"不要变得和我一样,请不要失去自我!"

情景 8
隐藏真实的情绪感受

令人意外的是，Ailey 的面具之下，除了深不见底的黑洞，什么也没有，她的真脸早已经不存在了。狂热的粉丝看到这一幕，并没有被吓坏，反而更加喜欢这个与众不同的偶像。赞助商们更是对 Ailey 的"创意"赞不绝口，认为 Ailey 很有才，竟想到用这种高明的手段来增加人气。

沉默不语的 Ailey 陷入了沉思，她扪心自问："接下来该换哪种脸呢？"

是的，面具戴久了，Ailey 早已忘记了自己真实的模样。

微笑是讨好者的人格面具

当小男孩踢球打翻了鱼缸，面对小金鱼的死，Ailey 很伤心，可她脸上流露出的表情却是和颜悦色的，说出来的话也是云淡风轻的，似乎这件事不足挂齿。真的没关系吗？影片中有一个针对 Ailey 嘴角的特写镜头，勉强上扬的嘴角压抑着痛苦，呈现出外在表情与内心世界的巨大反差。为了避免认知失调，Ailey 还安慰自己说，微笑可以解决一切问题。

为什么 Ailey 要把真实的情绪感受压在心里，故意装作一切安好？一个动机是给别人留下好印象，赢得别人的认可。为维持良好的形象、营造和谐的人际关系而戴上不同的情绪面具，大部分人曾这样做。但讨好型人格者的误区是，仅仅选择微笑的面具，且忘记了适时摘下面具，正视自己的内心。

> 快乐、厌烦、沮丧……全是一张脸，微笑是我面对世界的盔甲。

瑞士心理学家卡尔·荣格认为：每个人都有许多不同的人格面具，在不同的社交场合人们会戴上不同的面具，表现出不同的形象，以适应不同的情境。他说："人格最外层的人格面具掩盖了真我，使人格成为一种假象，按照别人的期望行事，故同他的真正人格并不一致。人可以靠面具协调与他人之间的关系，决定以什么形象在社会上露面。"

从某种意义上来说，成长就是不断形成人格面具的过程。人格面具多，证明分化得好，但这不是心理健康的唯一条件。除了分化，整合也很重要。如果不同人格之间是疏离或对立的，内心就会不断地产生冲突。所以，无论心理咨询还是心理治疗，都是对人格面具进行整合。

情景 8
隐藏真实的情绪感受

短篇小说《好小伙布朗》是纳撒尼尔·霍桑的代表作之一，多年来被评论家们从多方面进行过解读和阐释，其中也包括人格的视角。

主人公布朗是一个善良、虔诚的清教徒。受到好奇心的驱使，布朗不得不向新婚的妻子告别，去赴与魔鬼的神秘约会。一路上，他纠结犹豫，却又无力抗拒强大的诱惑。当他踏进黑暗森林后，惊讶地看见了许多他平日里最敬重和爱慕的人——德高望重的牧师、威严的总督、虔诚的老妪、名门淑女，甚至还有他的祖父、父母和妻子，他们也来赴魔鬼之约。

这样的情景让布朗备受打击。惊愕之中，布朗向天祈祷，等他醒来时发现自己身处宁静的夜晚之中，孤独无助。第二天，布朗回到了塞勒姆镇，但他和过去判若两人。布朗失去了所有的信仰，"人人都有隐秘之罪"的想法在他心中生根发芽，他变得沉默寡言，与周围的人日渐疏远。在沮丧和郁郁寡欢的折磨之下，好小伙布朗最终悲惨孤独地死去。

好小伙布朗给周围人的印象是善良、虔诚，这也是他的社会面具。可是，这个面具不能代表完整的他，只是其人格的一部分。当他受到诱惑时，听从了内心本能的召唤，决定要赴魔鬼之约。从心理学意义上说，这是布朗的自我探索之旅。

荣格认为，阴影的原型通常被投射为魔鬼这一角色，它代表着人类潜意识里最黑暗、最危险的部分。如果布朗敢于正视和承认人格中的阴影部分，他就完成了心灵上的成熟。

遗憾的是，布朗过分热衷和沉湎于自己所扮演的角色——虔诚、正直、善良的好小伙，排斥内心的阴影，只好将其投射到了其他人的身上。最后，在他的眼里，全世界都充满了罪恶，唯有他是虔诚的道德楷模。

布朗为了维护完美纯善的好人面具，拼命压抑自己的潜意识，掩盖自己的本性，努力成为符合社会要求的"好小伙"。这个虚假的面具戴久了，布朗完全沉浸于其中，排斥任何与"好小伙"面具不相符的人格特质。这一心理折射在生活中，布朗无法容忍别人道德上的瑕疵，更无法宽恕那些有罪的人。

任何事物都有两面性，人格面具亦如是。在不同的情境之下使用不同的人格面具，有助于建立融洽的人际关系，顺利进行社会交往；但弃自我本质于不顾，过分沉迷于某一"好的"人格面具，不敢正视"阴影"，就会像 Ailey 和布朗一样，逐渐地迷失自我。

情景 8
隐藏真实的情绪感受

理想化自我是一种防御

酒鬼刚走到酒吧门口,就被一个修女拦住。修女告诉他,酒是罪恶和毁灭的根源。

酒鬼不屑一顾:"你怎么知道喝酒不好?"

修女没有回答。

酒鬼又问:"你从来没喝过酒吗?"

"没有。"修女答道。

"那我们一起进去,我请你喝一杯,你会知道酒不是坏东西!"

修女想了想,说:"好吧!只是我这样进去的话,容易引起误会。这样吧,你进去之后帮我要一杯就好,记住要用纸杯。"

走进酒吧后,酒鬼对侍者说:"给我两杯威士忌,一杯用纸杯。"

侍者嘟囔着:"准是那个修女又在外面!"

回顾上面的故事,你一定看得出来,其实那个修女是很喜欢喝酒的,只是碍于自身的社会角色,怕饮酒的行为遭受他人的批评,所以才选择了迂回策略——不进入酒吧,故意用纸杯喝酒。这一行为的目的是维系一个理想化的修女形象。

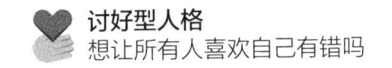

心理学家卡伦·霍妮提出过一个理论：当儿童担心自己不被父母或他人认可时，就会产生强烈的焦虑与不安。于是，他们会在幻想中创造出一个他们认为的父母喜欢的"自我"，来缓解这种焦虑。这个假想自我通常是完美的，优秀、聪慧、美丽、懂事，他们会极力地维持幻想中的形象，害怕别人看到幻想背后真实的自己。

> 我悄悄搭了一个舞台，扮演着符合父母期待的"完美小孩"。

现实生活中，为了化解内心冲突带来的不适感，人也会选择自我调节，而自我调节的方法之一，就是理想化形象。《纽约客》曾经刊登过一幅漫画：一个肥胖的女人站在镜子面前，镜子里映射出来的却是一个身材曼妙的美女。胖女人不愿意面对身材超重的现实，于是把自己理想化成苗条女郎，以缓解内心的矛盾。

因为无法接纳自己的真实形象，才会创造一个理想化的形象，所以理想化的本质是一种自我防御机制。自己喜欢什么，所创造的形象就能提供什么，并且无限放大，可惜这些全都是假象。理想化形象的出现，貌似能补偿一个人对真实形象的不满，可最终的结果却是让人更加无法容忍真实的自己，更加蔑视自我、厌恶自我，产生更强烈的心理冲突。

摘下面具，直面真实的自己

每个人的心中都有两个自我：一个是真实自我，另一个是理想自我。如果两个自我有很大的重合，或是相当接近，人的心理就比较健康；反之，如果两个自我间的差距过大，就会导致焦虑。为了应对焦虑的情绪，很多人选择花费大量的精力去经营自己的人设。

Ailey不是一株没有思想和情感的植物，她也是会沮丧、愤怒、伤心、痛苦的人。可是，她摘不掉那个微笑的面具，一直在理想自我与真实自我之间痛苦挣扎，在自我欣赏和自我歧视之间左右徘徊，既迷茫又困惑，找不到停靠的岸。

对讨好型人格者而言，微笑和善的"好人"就是一个理想的自我，但把自己套入这一人设，就注定要活在他人的期待中，也必然要压抑自己内心的真实感受。久而久之，

> **讨好型人格**
> 想让所有人喜欢自己有错吗

不被理解的孤独、无法活出真实自我的压抑,都让内心的冲突变得越来越严重。

更重要的一点是,面具是预设好的,而现实的处境却是灵动多变的。当处境发生了变化,想要更换面具是很难的。影片的最后,Ailey 打碎了微笑的假面,可她却不知道接下来该用什么样的姿态去面对世界了。

⚡ 打破诅咒 | 直面真实的自我

人设原本就是一个陷阱,把原本拥有不足之处的普通人,装进了一个完美无瑕的框架。一旦被发现二者之间存在差距,人设就会轰然倒塌。更何况,从人设诞生的那一刻起,就像撒了一个弥天大谎,往后的日子都要小心翼翼,煞费苦心地去圆这个谎。对任何人而言,这都会导致严重的精神内耗。

精神治疗医师爱德华·惠特蒙说:"我们只有满怀震惊地看到真实的自己,而不是看到我们希望或想象中的自己,才算迈出了通往个人生活现实的第一步。"

饰演理想的自我,戴着人格面具生活,是一件极其耗费心力的事。因为你不仅要苦心维持那个虚假的

情景 8
隐藏真实的情绪感受

理想自我,还要承受真实自我被他人看到的恐惧与担忧。想要从这个深渊里解脱出来,就要拆掉所有的防御,展露自己的本来面目。

女演员克里斯汀·斯图尔特是靠"暮光女"的人设起家的,成名时的她是一副乖乖女的形象。然而,那并不是真实的她,这副人设枷锁将她困在其中,倍感难受。

几年以后,克里斯汀决定不再被公众的设定约束,从假人设中破茧而出。她不再在意他人的目光,剪短发,穿球鞋走红毯,自在地喝酒。当她叫停了虚假自我带来的内耗之后,不仅活出了真实的自己,也在事业上有了颠覆和突破。她告别商业大片的戏路,用小众文艺片磨炼演技,最终拿到了法国电影凯撒奖最佳女配角。

卡尔·罗杰斯指出,如果与人接触时不带任何掩饰,不矫揉造作地企图掩盖自己的本色,可以学到许多东西,甚至从别人对自己的批评和敌意中也能学到。这时,我们会感到更轻松,也更容易与他人建立真实的、有深度的关系。

直面真实的自我是一种挑战,却也是让人步履轻盈过生活的唯一途径。当你不需要再遮遮掩掩,不

> 再畏惧以真实的自我示人时，大量的精力就得到了释放，你可以将其集中在可以改变的事物上，用心去体会充满情感、有血有肉、起伏变幻的生命过程。

允许自己流露负面的情绪

几年前，Jan开车送朋友去高铁站，一不留神犯了"路怒症"，冒出了一句脏话。当时，真的是因为情急，对方司机野蛮驾驶，险些发生碰撞。可是，就因为爆了一句粗口，Jan难过了整整一个星期。之后，她跟我说起这件事，满心自责和愧疚。

那时的Jan，内心不允许自己表现出愤怒，更不允许自己说脏话，希望自己在任何情境之中都呈现出美好的性情。没错，这就是鸡汤文传递的东西：你要宽容，你要善良，你要原谅，你要放下……这样的你，才是美好的。

多年来，Jan一直按照这个标准要求自己，一旦自己发脾气了、怼别人了，立刻就会萌生负罪感，觉得自己不够好，担心自己不被喜欢，害怕被人评头论足。哪怕是真的不开心，或是为某些事情痛苦时，她也会在心里劝慰自己：

情景 8
隐藏真实的情绪感受

"你太钻牛角尖了,你不够豁达……"

Jan 不断地告诉自己"想开点儿""要乐观",却并没有体会到"心里真的舒服了""我真的想明白了"的感受,反而比之前状态更糟,就像是给自己挖了一个更深的坑。接着,焦虑、抑郁的情绪逐渐累积,自我怀疑也开始涌现:"我是不是太怂、太扛不起事、太没出息、太没有修养了?……"种种问题,不断拷问着她的心。

乐观是一种美好的生活态度,但乐观不是永远不表露悲伤,更不是在撑不住的时候,还不停地给自己喂鸡汤,安慰自己说:"一切都会好起来",假装什么都没发生。许多人以为,看到一个糟糕的、不够好的自己,应该是一件很绝望的事。可是,真相并非如此。

经过两年的自我成长之后,Jan 坦然地说:"以前,我认为爆粗口是不对的,怕别人会认为我不够有修养……可是现在我不那么在意了。在那种特殊的情境中,愤怒和不满就是我最真实的感受。我是一个普通人,我也需要释放。"

Jan 接纳了那个"情绪失控的她",也接纳了现实中"性情美好的她"。她开始慢慢意识到,这两个"她"没有好坏之分,只是不同情境之中的自己,仅此而已。

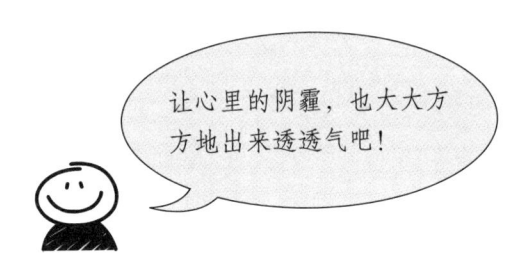

> 让心里的阴霾,也大大方方地出来透透气吧!

内在的自己和外在的自己距离越远,就会越痛苦。如果不是真的改变自己,表面上的激励和鼓舞,形式上的积极与正面,有效期是很短的。只有当你不再害怕看见真实的自己,你才能不被恐惧逼迫着去扮演那个理想化的自己;当你不再刻意去维护某一种自我设定的形象,卸下心里的防御,不高兴的时候不强颜欢笑,不满意的时候不强忍着,你才会感受到真正的自在。

被压抑的情绪并不会消失

姝雅和同事叶子关系很好,两个人年龄差不多,兴趣爱好也相仿,经常一起吃饭、逛街和游玩。她们同在市场部工作,叶子销售业绩突出,很受领导赏识,前段时间被提拔为销售 2 组的负责人。为了庆祝晋升,叶子准备邀请几个朋友到家里聚餐,其中也包括姝雅。

情景 8
隐藏真实的情绪感受

看到叶子晋升，姝雅真心为她感到高兴，也很想参加这个聚会。可是，当她得知聚会被安排在周五晚上时，姝雅有点儿迟疑了。那天晚上刚好有一场她特别喜欢的音乐剧，错过这场的话，之后就不知道什么时候才有机会了。去年，她因为在外地出差没能去看演出，这次机会难得，她不想再错过了。

姝雅很想向叶子说明实情，但还没来得及开口，叶子就先向她发出了请求："姝雅，你晚上陪我一起去买食材吧？帮我想想，都要准备哪些东西？对，我特意准备了一瓶好酒，就是上次你说特别想尝的那款，我给你备好啦！"

叶子的热情和真诚让姝雅觉得很感动，她实在不想扫叶子的兴，于是话到嘴边又硬生生地咽了下去。她还想到，要是自己不参加聚会，叶子会不会觉得自己对她的晋升有想法？会不会影响两人的关系呢？思前想后，姝雅还是决定赴约，放弃那场心仪的音乐剧。

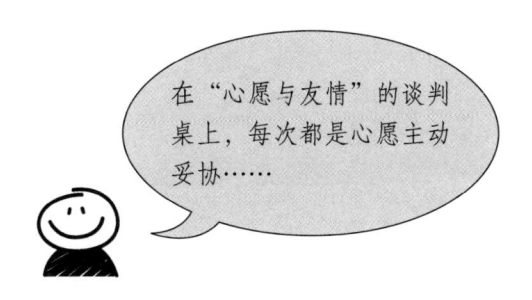

> 在"心愿与友情"的谈判桌上，每次都是心愿主动妥协……

聚会的那天晚上，大家玩得都很开心，可姝雅却一直

讨好型人格
想让所有人喜欢自己有错吗

处于游离的状态,并没有沉浸在现场的热闹中。叶子是一个心思细腻的人,加之她和姝雅很熟,自然看出了姝雅的心不在焉和强颜欢笑。她忍不住想:她是不是对我的晋升有什么想法?

聚会结束后,朋友们陆续离开,叶子主动开口问姝雅:"我看你今天不是很高兴,有什么想法你可以直接跟我说,我不希望咱们之间有什么误会。"姝雅解释说:"真的没什么事,可能是这周的工作有点儿累。"叶子觉得这个理由很牵强,但也没再继续追问。

这件事之后,姝雅和叶子的关系发生了微妙的变化。姝雅觉得很委屈,而叶子却认为姝雅那天的情绪低落"没那么简单"。任何关系,一旦掺入了猜疑,自然就会生出嫌隙,一段原本美好的情谊,就因为误解被彻底割裂了。

其实,姝雅完全可以直接告诉叶子自己的为难之处,送上一份小礼物表示祝贺,让对方了解自己的心意。可是,这个不愿辜负他人美意的"老好人",却选择了违心参加聚会。她以为这么做就可以避免冲突,却全然忘了自己也是一个有血有肉、会痛会痒的人。谁能够做到违心应承一件事,还没有任何情绪呢?

当一个人与真实的自己背道而驰,逼着自己长期戴上"讨好"的面具,去迎合周围的人、做自己不喜欢的事时,

情景 8
隐藏真实的情绪感受

就会陷入"表面美好"与"内在拧巴"的冲突中。然而,人是难以欺骗自己的,那些没有说出口的委屈不会消失,它会不时地搅乱内心的安宁;负面情绪是一种能量,它也会散发出磁场,让身边的人察觉到异样。

违心出席聚会的姝雅,虽然没有明确说明自己的真实想法,可她的情绪状态早已将自己出卖——无法全身心地投入热烈的氛围,内心总是忍不住责备自己。敏感的叶子接收到了姝雅发出的无声信号,并产生了负面的联想,结果让两个人之间真的产生了误会。

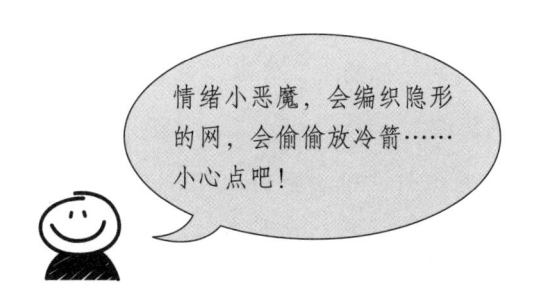

> 情绪小恶魔,会编织隐形的网,会偷偷放冷箭……小心点吧!

压抑和隐忍不能换得风平浪静,那些没有被直接表达出来的情绪会转化为隐形攻击。隐形攻击是一种不成熟的自我防御,它是指用消极的、恶劣的、隐蔽的方式发泄负面情绪,以此来攻击令自己不满的人或事。

讨好型人格者无法用恰当的、有益的方式表达自己的负面情感体验,内心明明积压了许多不满和怨恨,却不愿坦坦荡荡、落落大方地说出来，而是采取只有自己才清楚的、将事情越弄越糟的隐蔽方式，来获取心理上的平衡。

这样的行为模式解决不了问题。别人无法真正地了解你的感受，所以之后可能还会以同样的方式对待你。从某种意义上来说，隐形攻击比直截了当地表达不满，更容易破坏人际关系。

不必为拥有欲望感到罪恶

自媒体圈的一位朋友，曾跟我吐露她在运营公众号过程中遇到的纠结。

她的文笔很好，想法独到。有好几次看到她的推文，我都感到震撼——分析的视角太独特了。由于更新频繁，又总能有出人意料的好文，她的公众号粉丝增长得很快，且阅读量也越来越高，有不少文章被大号转载。

公众号做得好，广告商也嗅着味道找到她。她并不是什么广告都接，害怕伤到读者，在精挑细选之后，推荐了一款日用品，也拿到了自己的第一笔广告费。这原本是一件好事，可还没顾得上开心，她就遭到了一大群粉丝的谴责。

"没想到你也开始接广告了，失望。"

情景 8
隐藏真实的情绪感受

"本以为你不食烟火,原来都是假象,最终还是没禁得住铜臭的诱惑。"

"取关了。初心也不过如此,还有什么值得相信?"

……

看到这些留言,她心里五味杂陈。我问她,到底是什么感受?她说了几个词语:委屈、愤怒、焦虑、憎恶……我相信,那都是她最真实的情绪和感受,但之后她又说了一句:"我还有一点内疚,好像自己做错了什么。"

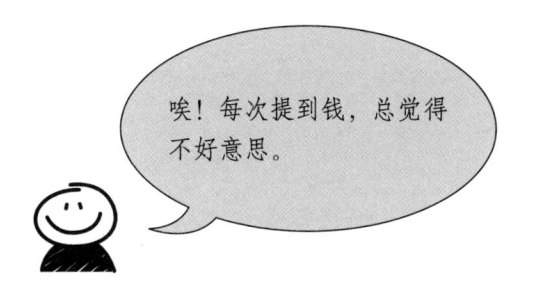

> 唉!每次提到钱,总觉得不好意思。

"做错什么了呢?"我继续往下问,希望她能更多地向内探索出一些东西。她思考了一会儿,带着不太确定的表情,缓缓地说:"好像是,我就应该老老实实地写文字,把有价值的想法传递出来,不应该和钱扯上关系。似乎,'赚钱'这个想法,在这里是不该有的。"

我提醒她深入地思考一下:为什么在运营自媒体这件事情上,不应该有赚钱的想法?这种想法从何而来?她说:"这个问题有点儿复杂,我需要认真想想……当下的我,就是觉得写字是一件发自内心的喜好。有那么多人欣赏我的生活态度，我很害怕因为钱的问题，被贴上'庸俗'的标签。"

很多人的内心存在类似的挣扎，这与长期以来的社会道德观念有关：文化人要清风明月，不染尘俗，更不能为五斗米折腰。因此，对金钱有欲望是"罪恶"的，是会"污染"文字的。这种观念符合事实吗？

我的这位自媒体朋友，无论文风还是性格，都给粉丝留下了知性的印象。读者认为她有生活情趣、思想超脱，而她也被困在了这样的"人设"里。为了保持知性、淡然的形象，她不敢正视自己对金钱的欲望，害怕别人说她"庸俗""拜金"。

实际上，无论接广告，还是赚流量费，或是主动带货，这都是再正常不过的事。做自媒体不是做公益活动，能接到广告说明有实力，能靠做喜欢的事情赚钱是本事。把自己的知识和能力变现，有什么可羞耻的呢？

有人不敢正视对金钱的欲望，总把钱与人性的阴暗面联系在一起；有人对性的问题心存芥蒂，哪怕夫妻生活不太理想，也不敢表达出自己的感受，总觉得有这样的欲望是可耻的。

情景 8
隐藏真实的情绪感受

生而为人,对金钱有欲望,对性心存期待,真的是罪恶的吗?不,这都是正常的需求!就像饿了想吃东西、渴了想喝水、累了想休息、孤单了想有人陪伴一样,如果你从未因为这些需求指责自己说"不该如此",那么也不要用有色眼镜去看待金钱和性。

> **⚡ 打破诅咒 | 正视并接纳内心的欲望**
>
> **欲望是人与生俱来的正常反应,没有对错之分,错的是因为欲望而做出危害他人的行为。**
>
> 生活是很现实的,需要金钱和物质的支撑。对一个每日更新、持续输出的自媒体人来说,粉丝阅读到的每一篇文章背后,都藏着不为人知的付出。他要在生活中阅读大量的书籍,积极地寻找并发现素材,要构思文章的题目和框架,要静下心来去撰写并修订,写好后精心排版、选图,最后呈现给读者走心的内容……这些付出,难道就应该是免费的吗?
>
> 无论专职还是兼职的写作者,都需要一日三餐、缴纳房租、偿还贷款、养家糊口,他们也背负着生活的重担。对于这样倾注大量心血、时间、精力的撰稿人,指责他在公众号接广告,鄙视他赚取广告费用的

行为，是不是一种残忍呢？

公众号接广告是为赚钱，可是靠自己的劳动和知识赚钱不可耻；想要给自己和家人更好的生活，努力地靠自身才学、靠经营内容来赚钱也不可耻。喜欢钱不是罪恶，不偷、不抢、不违法伤人，更无须背负内疚。

人活一世，总会对一些东西产生欲望，这是人性的一部分，不用去鄙视它，也不用去厌恶它。欲望，本身只是欲望，并不代表什么。我们都可以喜欢金钱，但不代表我们会成为唯利是图的人，会为了金钱不择手段。

欲望不是贬义词，而是中性词，不带有任何的道德属性。不要再去诋毁、压制、憎恶内心的欲望，请选择正视和接纳，并为实现合理的欲望付出努力。

金钱可以让一个没有安全感的人变得有安全感，让一个有安全感的人变得更放松。只要靠自己的能力赚钱，只要问心无愧，你完全可以大大方方地谈钱，心口合一地爱钱。

情景 9 别人没有开口,主动伸出援手

——讨好者的诅咒:被动内疚

Momo 的剧本:帮不上你,我很难过

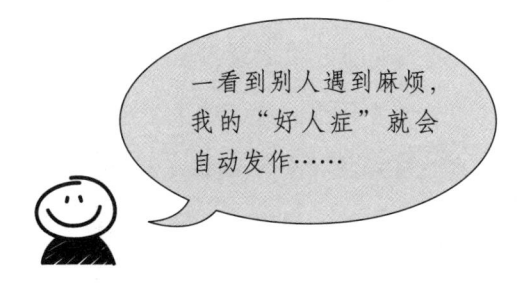

> 一看到别人遇到麻烦,我的"好人症"就会自动发作……

Momo 的职位是营销部助理,可她的能力和工作内容却远超职位标签所限。

每日晨光初照,她便来到办公室,义务打扫办公室,并为众人煮好咖啡。在团队中,她是那个总被求助的"知心姐姐",耐心与善意使她成为最坚实的后盾。即便是面对新人的迷茫或同事的失误,她也从不拒绝,总是默默收拾一个又一个"烂摊子"。

上个星期，公司要做一项提案，负责人是同事阿波。阿波做事总是粗心大意，上司想考验一下阿波的态度和能力，作为"去留"的考量。接下这个项目后，阿波感到了前所未有的压力，但并没有表现出强大的行动力，似乎有点儿"破罐子破摔"的意思。

见阿波愁眉苦脸、唉声叹气的样子，Momo 内心的"老好人"瞬间被唤醒。她心想："再懒散下去就失业了，得帮帮他！"接着，她就主动把自己对这个提案的一些想法发给了阿波，让他作为参考，还强调："有需要帮忙的地方，随时跟我说。"

最后，阿波顺利通过了考核，但 Momo 的这份善意并未唤醒阿波内心的责任感。仅仅过了半个月，小组合作一个项目时，竟然有人把估价单搞错了！上司追责，Momo 询问了一圈，发现是阿波的错，而他却请病假躲了。为了平息上司的怒气，尽快解决问题，Momo 重新做了一份估价单，活活背下了这口黑锅。

情景 9
别人没有开口，主动伸出援手

过度负责不是一件好事

同事阿波的工作态度存在问题，做事不认真，缺少责任感。可是，Momo 认为阿波的粗心大意是事出有因，为了不让阿波遭到解雇，她主动站出来帮阿波处理提案的事宜，而这根本就不是她的事，对方也并未向她求助。

对于 Momo 的做法，非讨好型人格者会感到很诧异：对方没有让你帮忙，你却主动伸出援手，出了问题还要扛下所有的责任，这不是自讨苦吃吗？

讨好型人格者存在边界不清的问题，常常背负过度的责任。当别人陷入困境，遭遇情绪困扰，或是在生活中挣扎时，讨好型人格者总想帮助他们过得更好，认为自己需要对这一切负责。

> 拯救世界的心我有，就差一双能飞上天的翅膀了！

讨好型人格者的过度责任感，通常体现在这些细节之处：

（1）当他人经历情绪低谷时，他们会不自觉地感到压抑和难受。

（2）当自己设定界限或表达个人偏好时，常常担心他人的反应，并错误地认为自己需要对别人的反应负责。

（3）倾向于把他人的需求放在前面，忽略或压抑自己的需求。

（4）经常将伴侣或孩子的行为视为对自己价值的直接反映。

（5）当关心的人遭遇困境时，有强烈的冲动想帮对方解决问题。

（6）认为无法阻止伤害的发生和故意伤害是一样的，会为此感到内疚。

（7）工作比其他人更加努力，试图以此赢得他人的认可。

（8）总是为别人担忧，替别人着想，将他人的利益放在自己的前面。

（9）即使某些事情与自己无关或不是自己的错，也会感到自责。

负责是一个褒义词，意味着某个人有责任心，很值得信赖。可是，如果责任心过了头，甚至超出了自己可承受的限度，试图对身边所有的人和事负责，就会感到疲惫和

情景 9
别人没有开口，主动伸出援手

力不从心，给自己带来严重的消耗。

讨好型人格者无法将自己和他人的课题分离，总觉得自己要对他人的遭遇负责，有责任安抚他人的情绪，从而陷入"只能看到别人"的思维模式中，在关系中过度付出、过度努力、牺牲自我。

过度责任感像一副无形的枷锁，让人时刻感到沉重和压抑，一刻不得放松；过度责任感也像一把悬在头顶的利剑，随时可能落下，给人带来无法预料的惶恐和不安。更加糟糕的是，过度责任感往往伴随着强烈的羞耻感，讨好者一旦感觉自己无法承担某种责任，就会陷入自我否定的旋涡，认为自己软弱无能。

在这种脆弱的状态下，讨好者很容易成为自恋型人格者的操控对象。比如：当自恋型的伴侣表达自己的难过和失望时，讨好者会不自觉地将责任归咎于自己，认为是自己做得不够好，才导致了伴侣的不悦。这种自我贬低的心态会让讨好者对自己的评价越来越低，逐渐失去自信和自尊，最终陷入对方的精神操控之中。

每个人都是一个独立的个体，需要对自己的情绪和行为负责。不要把这份责任推卸给他人，也不必将他人的责任揽在自己身上。你可以设身处地地去理解他人，给对方带去心理力量，但不要陷入助人情结，卷入对方的情绪，背负不属于自己的包袱。

♥ 讨好型人格
　想让所有人喜欢自己有错吗

♥ 坐视不理就是在伤害对方吗

世间不存在完人或圣人，没有谁能保证自己的言行举止完全符合"标准"，哪怕是非常优秀的人，也难免会有意无意地做出冒犯或伤害他人的行为。所以，内疚的感受对我们而言并不陌生，甚至是很熟悉的一种体验。统计数据显示：人们每天大约有 2 小时会感到轻微的内疚，每个月大约有 3.5 小时会感到严重内疚。

正常的内疚，是指一个人伤害了他人，或是违反了道德准则，从而产生良心上的反省，并且对行为负有责任的一种负性体验。

适当的内疚是健康的，它使我们富有责任感，提醒我们做善良的、对他人有益的人。这种情绪体验犹如一个警报器，倘若我们已经做了或即将做出一些违反个人标准，或会对他人造成伤害的事情，可以及时地对自己的行为进行批评和调整，尽力弥补。然而，不是所有的内疚都是必要的，也不是所有的内疚都是健康的。

由他人行为导致的，本来不需要（也不应该）产生的内疚，是一种不健康的内疚，在心理学上称为"被动内疚"。

情景 9
别人没有开口，主动伸出援手

> 内疚这件事，咋还上瘾了？

日剧《无法成为野兽的我们》中，30岁的职业女性深海晶，每天早上被老板的连环短信叫醒，一个人干着全小组的事，却连一句感谢和一张笑脸都换不来。同事完不成的任务，她主动帮忙；同事甩下的锅，她咬牙接盘；新人得罪了客户，她跑去收拾烂摊子，甚至被迫给客户下跪，回来却遭新人嘲讽："要我给那种大叔下跪，我可受不了！"被前公司邀请参加联谊会，她颇受欢迎，因为她像服务生一样忙前忙后地照顾着所有人。

看到深海晶的这些行为时，不少观众都吐槽，简直是又气又恨：气她的软弱、她的讨好、她的妥协、她的退让、她的无底线；恨她自讨苦吃、自取其辱、自作自受！

其实，有很多事情她是完全不用去做的，与她也没有任何关系。同事做错了事、惹怒了客户，他理应为此负责，哪怕最后被公司开除，那也是他应当承受的代价。然而，深海晶却把这些烂摊子全接手了。当客户提出让她下跪的要求时,她竟然也照做了。没有人让深海晶活得这么窝囊,那些原本就不是她负责的工作,为什么她要大包大揽全堆到自己身上呢?

按照正常的逻辑来看,深海晶的做法确实有些荒谬,可是作为一个讨好型人格者,她的做法也是"合情合理"的,只不过符合的是她自己的那一套逻辑:"一旦别人因为没有得到我的帮助而遭受惩罚,我就会内疚,都怪我害了他们!"

讨好型人格者很关注别人的感受,当别人遇到麻烦事或陷入困境之际,他们会感同身受。此时,如果"拒绝帮助他人"——不主动伸出援手,他们会认为自己"伤害"了对方,从而引发强烈的"内疚"。为了获得心理安慰,降低这种内疚感,他们就会努力做出一些原本不需要去做的补偿行为,如:给对方买一杯咖啡、帮对方处理烂摊子等。

不是所有的内疚都是必要的

美国纽约大学临床心理学博士盖伊·温奇认为:不健康的内疚,多半与人际关系相关。在现实生活中,讨好者会因为没有主动向他人伸出援手而感到内疚。除此之外,他们还很容易陷入另外三种不健康的内疚之中。

情景 9
别人没有开口，主动伸出援手

> 看到他那么失落，我忽然好内疚，这可真是无厘头啊！

1. 幸存者内疚

因自己在创伤事件中幸存而内疚，宁愿自己也遭遇不幸。事实上，这种情况不只出现在极端情境中，在日常考试、裁员、竞争等情境中也存在。

高考过后，自己考上了好的大学，同伴却落榜了；公司缩小规模，不少同事被迫失业，自己却保住了工作……面对这样的情境时，讨好型人格者往往也会感到内疚。

2. 分离内疚

因照顾或处理自身的事情，没有考虑或照顾到他人。

这种情况在生活中很常见，比如：产假结束重回职场后，遇到出差等情况，总觉得对不起孩子；因出国读书或工作，不能经常陪伴在父母身边，哪怕父母得到了很好的照顾，也可能会产生分离内疚，认为父母会想念自己。

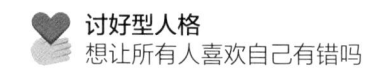

3. 不忠的内疚

因追求个人目标，没有遵从亲友的意愿与期待。

来访者 S 有一对从事教育工作的父母，多年来对他寄予厚望，希望他将来能够在学业上有所建树。可是，S 更希望能与朋友一起创业，但他始终无法迈出这一步，违背父母的意愿让他心生愧疚，总觉得对不起父母。

以上这些形式的内疚都属于不健康的内疚，需要讨好型人格者识别和注意；如果任由这些内疚感持续，将会严重影响心理健康和生活质量。所以，无论是什么原因（自身有错或无错）导致了不健康的内疚，都不能坐以待毙，要根据实际情况选择恰当的方式去处理，为自己缓解情绪痛苦，积极地解决实际问题。

打破被动内疚的恶性循环

为什么讨好型人格者总是陷入被动内疚的旋涡呢？

可能性因素 1：长期生活在充满暴力、冲突和争执的环境中。

美国精神科医师彼得·布雷根曾在 2015 年提出过一个

观点:"内疚"是促进社会合作的机制。他认为,在充满暴力和争执的家庭中长大的人,很容易被激起被动内疚。他们通过内疚让自己退让,显得不那么有攻击性,从而换取家庭关系的和睦。

可能性因素 2:长期生活在要求严苛、高道德标准的环境中。

相关研究显示,人们不仅会因为伤害他人而内疚,那些"想做却没有做的事"也会让人感到内疚。如果一个人生活在家教森严、高道德标准的环境中,他对自我的要求也会十分严苛,动不动就觉得自己"做错了",很容易产生被动内疚。

> 告别内疚讨好秀,拒绝出演"老好人"的戏码!

讨好型人格者常常觉得自己做得不好,或是为其他人做得不够多,从而产生被动内疚。其实,这并不是事实和真相,而是他们太在意别人的感受,且总是过分关注和自己有关的那些负面事件,对自己产生了认知偏差。

回想一下,你会觉得同事、朋友为你付出得不够多吗?

如果你没有这样的想法,为什么你会觉得自己为他人做得不够多呢?最大的可能性就是,这种思维模式已经成了你的习惯,让你在遇到类似情境时,不自觉地就会这样认为,并做出讨好的举动。

下一次,当你想要对他人做出"补偿行为"之前,不妨给自己 10 秒的时间,扪心自问一下:"真的有必要这么做吗?我是真的做错了,还是被动内疚促使我去讨好对方?"

当你意识到了被动内疚的存在,你就已经阻断了原来的"自动模式"。这是一个很好的练习,它会让你慢慢建立全新的认知——"既然是别人的问题,我有什么理由要内疚呢!"

情景 10 对他人很宽容，对自己很苛刻
——讨好者的诅咒：自我苛责

💗 Nancy 的剧本：都是我不好

> 一定是我不够好，才会让他想要逃……

Nancy 失恋了。回想起跟恋人的点点滴滴，她心中有百般的不舍。彼此不再联系的日子，她就像丢了魂一样，整个人萎靡不振，做什么都提不起精神。想跟朋友倾诉，还没开口眼泪就掉了下来，满腹的委屈让她无力承受。

分手的原因，男友说是两个人性格不合，可直觉告诉她，事情没这么简单。果不其然，在分手以后，她就听别

人讲,男友跟另外一个女孩在一起了。Nancy难以接受这个事实,可又知道自己无权去干涉对方,留在她心里的就只剩下一连串的自责和后悔。

相恋的两年里,她总是患得患失,不断地考验对方对自己的爱。她想,可能就是因为自己太作了,他才离自己而去。今天这一切后果,全是自己酿成的,怪不得任何人。她总在幻想:如果他能回来,她肯定不会像原来那样。

不仅如此,Nancy还托人弄来他那个新女友的照片,对比自己和她的不同。这一比较,Nancy更加自卑,觉得自己皮肤没人家白、身材没人家好、赚钱好像也没人家多……看到这些,她更是把自己贬到了尘埃里,甚至觉得男友离开自己是"应该"的。

Nancy一直埋怨自己:如果早点减肥就好了,如果能多在工作上努力就好了……那样的话,也许他就不会离开我了。

罪责归己是一个思维陷阱

Nancy的心理状态,折射出了讨好型人格者的一种扭曲的认知——总觉得某个负面事件的罪责在于自己,哪怕没

情景 10
对他人很宽容，对自己很苛刻

有确凿的证据，哪怕这件事与他们无关，他们还是会武断地认为，事情之所以会发生，就是和自己脱不了干系。

凡事都认为自己不对的想法所引起的情绪，在心理学上被称为"负罪感"。

当负罪感产生时，讨好型人格者总觉得自己对所做的某件事或所说过的某些话要负有责任，觉得自己不该如此。这种情绪批判的不只是自己的行为，也批判了整个人。

为什么讨好型人格者总是陷入"都是我的错"的思维误区呢？

有一项针对美国大学生的调查：研究人员要求学生们记录一件"给他人带来巨大喜悦的事情"，结果很有意思：学生们对自我的不同看法，明显地影响到了事件的叙述。

高度自信的学生描述的情形多半是基于自己本人的能力给他人带来的快乐，而那些缺乏自信的学生记得更多的是他人的需求。后者在意他人的感受，强调利他主义，而自信的学生强调的是自己的能力。

这项调查的结果提醒我们，罪责归己与自信不足有密切的关系。讨好型人格者总是把别人的需求放在第一位，忽视自己的感受，这就使他们萌生出了一种心态：一旦事情出了问题，责任在于自己。他们还会因为没有满足他人的期待而心生愧疚。

在现实生活中，"如果……那么……"的思维模式是导

致负罪感的重要原因。

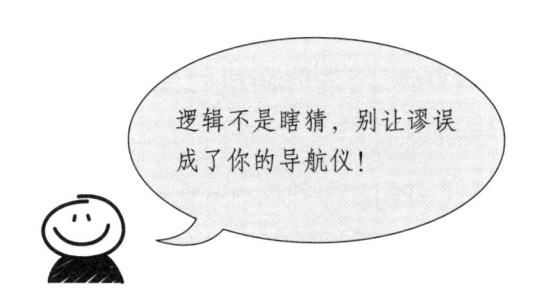

> 逻辑不是瞎猜,别让谬误成了你的导航仪!

这种思维模式的危害在于,它与现实没有任何关系,只存在于主观的推理中,但严重影响自尊与自信,很容易让人产生自我怀疑和焦虑抑郁的情绪。不仅如此,自责还会影响自信的确立,给心灵增加负担,令人饱受内疚感与羞耻感的折磨。

⚡打破诅咒 | 练习新的应对模式

想要摆脱"罪责归己"的思维陷阱,最重要的是强化自我意识,告别"我应该""我后悔""我不喜欢自己"的思维方式。所以,当某件事情进行得不顺利或失败时,不要把全部的责任都归咎到自己身上,你可以尝试用全新的模式来应对:

> **1. 转移注意力**
>
> 把注意力从感到自责的事情上转移，做发自内心喜欢的事，并全身心地投入其中。心理学研究证实：全身心投入一件事情里，可以有效地滋养人的精力，消除人们对自己的不满情绪。比如：读一本喜欢的书，听一场美妙的音乐会，来一场有趣的旅行……全身心地投入那件事情中，尽情地享受过程。
>
> **2. 客观地归责**
>
> 现实中某一结果的发生，通常不是单方面的原因。要实事求是地评价自己在各种事情中应当负的责任，不要盲目夸大自己的"破坏力"。这样可以有效地保护自信心，更好地应对挫折，摆脱焦虑、内疚、悔恨等负面情绪的困扰。

别让过去吞噬你的现在

Nancy 遭遇了情感上的困惑，她体验到的痛苦是真实的、强烈的，但这份痛苦不都是失恋所致，也有一部分来自她的反刍思维。

讨好型人格
想让所有人喜欢自己有错吗

反刍思维,就是不断地回想和思考负性事件与负性情绪。

当一个人过度关注痛苦的经验以及事物的消极面时,不仅会产生严重的负面情绪,还会扭曲认知,以更加消极的眼光去看待生活,从而感到无助和绝望。如果没有正确的引导,时间长了,很容易发展成抑郁症。

讨好型人格者经常会沉溺于过去的错误与失误中,仿佛自己就是一个"失败者",什么时候想起来都会感到懊恼。这种反刍思维会严重消耗个体的精神能量,削弱其注意力、积极性、主动性以及解决问题的能力。

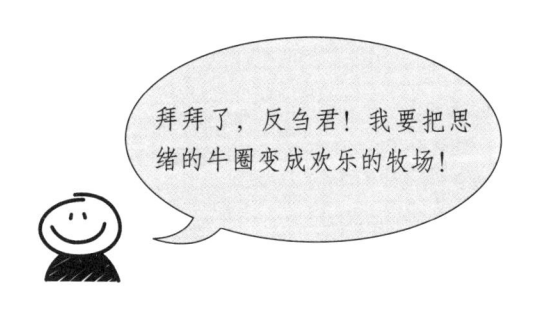

> 拜拜了,反刍君!我要把思绪的牛圈变成欢乐的牧场!

⚡ 打破诅咒 | 终结反刍对自己的伤害

反刍让人在负面情绪中饱受煎熬,直至精力消耗殆尽,以更加消极破碎的眼光看待一切。想要避免陷入抑郁情绪,或早日从抑郁情绪中走出来,及时叫停

情景 10
对他人很宽容，对自己很苛刻

反刍思维至关重要。

那么，该如何打破反刍的循环，终结它对自己的伤害呢？

1. 分散注意力

沉浸在反复回忆痛苦的反刍中时，提醒自己"不要去想"是无效的，且大量的实验都证明，努力抑制不必要的想法还可能会引起反弹效应，让人不由自主地重复想起那些原本尽力在逃避的东西。事实上，与拼命的压制相比，更为有效的办法是分散注意力。

相关研究显示，通过去做自己感兴趣或需要集中精力完成的任务来分散注意力，如有氧运动、拼图、数独游戏等，可以有效地扰乱反刍思维，并有助于恢复思维的质量，提高解决问题的能力。所以，不妨创建一张对自己有效的分散注意力的事件清单，在发现自己陷入反刍时，立刻去做这些事，阻断反刍。

2. 切换看问题的视角

为了研究人们对痛苦感觉和体验的自我反思过程，科学家们试图找出有益的反省与消极的反刍之间的区别，结果发现：人们对痛苦经历的不同反应，与看待问题的角度有直接关系。

> 在分析痛苦的经历时,人们倾向于从自我沉浸的视角出发,即以第一人称的视角去看问题,重播事情发生的经过,让情绪强度达到与事件发生时相似的水平。
>
> 当研究人员要求被试者从自我疏远的角度,即第三人称的角度去看待他们的痛苦经历时,他们会重建对自身体验的理解,以全新的方式去解读整个事件,并得出不一样的结论。
>
> 由此可见,切换看待问题的视角,从心理上拉开与自我的距离,有助于跳出反刍思维。

像善待朋友一样善待自己

"朋友失意时,我会特别耐心地安抚对方;同事工作失误,我也会主动帮他一起处理;就算自己被亲近的人伤到了,听到他们诚恳的道歉,我也可以很快就把这件事情放下。

"然而,当同样的情形发生在我自己身上时,我就像变了一个人。我变得小气、狭隘、苛刻,无法用宽容的姿

情景 10
对他人很宽容，对自己很苛刻

态面对自己，更多的时候，我都沉溺在难以原谅自己的痛苦中。"

这是来访者 Linda 面临的心理困扰，她对周围人很友好，也很宽容，可是对自己却格外苛刻，充满了自责与批判。我让她试着想象一下：如果一位朋友跟你分享自己的失败经历，你会对她说些什么？Linda 说，她会给予朋友共情、支持和鼓励。

既然我们有能力成为一个关怀者与支持者，为何不能像善待朋友一样善待自己，在没能把事情做好或是做错事的情况下给予自己同情呢？

自我同情是心理学家克里斯廷·内夫提出的概念，指个体对自我的一种态度导向，在遭遇不顺时能理解并接受自己的处境，并用一种友好且充满善意的方式来看待自我和世界。

> 从前只会温柔待人，从此也要温柔待己。

概括来说，自我同情通常包含三个部分：

1. 不评判
自我同情，可以让我们用一种"不评判"的态度来对待自己，既不刻意压抑情绪，也不过分夸大情绪，这能够帮助我们比较平静地接纳痛苦的想法和情绪。

2. 自我友善
自我友善，意味着用温暖包容的态度理解自己的不足与失败，就像对待陷入困境中的朋友一样，而不是一味地谴责批评。

3. 共同人性
共同人性，就是在面对不幸的事情时，告诉自己："生命的每一刻都会发生数以千计的失误，很多人会遇到不幸的事，我并不是唯一的不幸者。"把自己的失败和痛苦体验当成是人类普遍经验的一部分，可以帮助我们不被自己的痛苦所孤立和隔离。

在过往的经历中，讨好型人格者更多的是在迎合他人、取悦他人，很少关注自我。所以，自我同情对他们而言是一个相对陌生的事物，甚至是从未有过的体验。没关系，我们要用成长型的思维看待自己，过去不具备的能力，可以通过学习慢慢掌握。

情景 10
对他人很宽容，对自己很苛刻

⚡打破诅咒｜培养自我同情的能力

在日常生活中，讨好型人格者该如何培养自我同情的能力呢？

第一步：及时觉察。

自我反省和自我批评是成长进步的必经之路，一定的负性想法也可以帮助我们调整自己的行为，但是不加怜悯的诚实是一种残酷，带来的往往是挫败感。所以，当那些批判和否定自我的念头冒出来时，要及时地觉察，这是改变的开始。

第二步：全然接纳。

当你觉察到那些胡思乱想、自我批判的念头时，强迫这些想法停下来是很困难的，它们会不受控制地在你的脑海里翻腾。

要记住一点：没有不应该产生的想法，哪怕它们让你感到很难受、很痛苦。试着在脑海里给所有不安的想法一个栖身之所，让它们静静地待在那里，允许并接受它们存在。

第三步：积极暗示。

做到了前两项之后，试着告诉自己：这的确是很

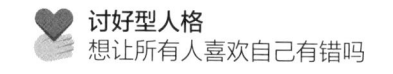

> 艰难的时刻,可艰难也是生命的一部分,我已经做到了我所能做的最好的样子。这种积极的自我暗示,会让你对自己有更好的感受,并获得面对问题、解决问题与继续前行的勇气。

做不到完美也没有关系

清晨7点半,秦岚在闹铃的第四次催促下,终于鼓足勇气告别了温暖的被窝。她已经没有多余的时间进行晨练了,哪怕是简短的10分钟训练也不可能完成了。

她匆忙地打开衣柜,翻找今天要穿的衣服。她想穿那件白色的衬衫,可怎么都找不到。正在闹心之际,她忽然想起来,那件衣服还在洗衣机里,前天脱下来忘了洗。

洗漱完毕后,已经快8点钟了,没有时间吃早饭了。下了地铁之后,秦岚觉得很饿,刚好地铁周边有一家面包坊,她点了一个肉松面包,还有一杯奶咖,花了32元。

终于踩着点来到了公司,坐在工位上的秦岚并未感到轻松,反而心情很沉重。她不喜欢这样的状态,像是热锅上的蚂蚁。她希望自己可以按时起床、运动、洗衣服、控

情景 10
对他人很宽容，对自己很苛刻

制预算、吃健康的食物，这样她能拥有健康的身体，保持充沛的精力，还能实现理财计划。此时此刻，她为自己没有控制住花销和执行控糖计划感到沮丧和自责，认为自己很不自律、很差劲！

为了保持身体健康和精力充沛，遵从自己的价值观生活，妥当安排自己的饮食习惯、消费习惯，可以给人带来秩序感和确定感。然而，这并不是一件容易的事，每个人都在某种程度上存在自我管理的困扰。

罗曼·格尔佩林在《动机心理学：克服成瘾、拖延与懒惰的快乐原则》中说道："不管意识层面的企图是什么，我们的内心都有一些反面的力量，在不断推动、诱惑甚至决定我们的行为，哪怕我们曾有意识地去抵抗这些力量。"至于原因，认知神经科学家指出：大脑天生会被惰性的行为吸引。换言之，大脑天生就是懒惰的，完全禁不住诱惑。因此，很多时候我们制订了完美的计划，却无法完美地执行。

> 做不到完美？很正常嘛！说明你是真实的人类。

讨好型人格
想让所有人喜欢自己有错吗

讨好型人格者很早就学会了揣摩他人的心思。为了获得他人的认可与赞赏,他们会努力让自己做到100分,久而久之就产生了完美主义情结。他们对自身的期望很高,只是这些期望经常是脱离实际的,故而免不了遭遇挫败,难以实现预期的目标。

面对这样的结果,讨好型人格者会在内心对自己进行一番严苛的评判:犯错是能力不足的表现,我没有做好,我太失败了,我太不自律了……之所以这样想,是因为他们始终遵从着一个错误的"公式":自我价值=能力=表现。

如果执行得很完美,就证明我很自律,我是一个优秀的人;如果表现得不好,就证明我不够自律,我是一个糟糕的人。当能力和表现成为自我价值的衡量因素时,就出现了一个错误的逻辑:做得完美证明我很出色,做得不好证明我很差劲。

高标准与低自尊会相互强化:达不到高标准时会对自己感到失望,对自己产生负面的评价;达到了高标准,也无法确定别人究竟是喜欢自己这个人,还是喜欢自己的表现,只能继续维持或提高原有的标准。结果不是自己疲惫不堪,就是自我否定。

自律本没有错,每个人都应当在言行上有所约束,但自我约束不等于自我苛责。对于一直用高标准来要求自己的讨好型人格者来说,适当地降低自我要求,就是自

情景 10
对他人很宽容，对自己很苛刻

我救赎。

当你钻了牛角尖，为某些瑕疵纠结时；当你对某件事物感到恐惧和不自信时，你都要及时告诉自己："没关系，谁都不是完美的。"

万物有裂痕，光从痕中生，放下对完美的执念，便是自由的开始。

把"必须"换成"可以"

可儿已经工作整整十年了，这些年她一直处在焦虑中。她的焦虑来自不敢让自己停下来，就像是在被时间的鞭子驱赶，停下来就会"挨打"。

周末与假期对可儿而言，不是休憩的港湾，而是另一个自我较量的战场。她会一直反思：今天的时间有没有被充分利用？空闲成了罪恶的代名词。她总觉得必须有事情做，无论做家务、看书、学习，还是户外活动。她力求每一刻都价值满满，生怕虚度光阴。在她的世界里，忙碌是唯一的安全感来源，哪怕忙碌并不总是伴随快乐。

为了挣脱这无形的枷锁，可儿尝试过温柔地对自己说："放松吧，生活不只眼前的苟且，还有诗和远方。"但这份自我开解,如同晨露般短暂,很快就被焦虑的烈日蒸发得无影无踪。

可儿的焦虑,来自她为生活设置了太多的"必须"程序,总觉得必须充分利用每分每秒才有意义,否则就是浪费生命。

从心理学的角度说,"必须"的想法属于一种不合理信念,即源于一种绝对化的要求或命令——无条件应该、义务和必须。

> 必须是一把无形的镣铐。

对自我有着严苛要求的讨好型人格者,很容易落入"必须"的错误信念中。这种绝对化的要求,有时是针对自己,有时是针对他人或外部环境。

女孩苏苏与妈妈相依为命,母亲将所有的期待都寄托在她身上,并让她按照自己的要求长大。她苦练钢琴,为了获奖,不惜让手指磨出茧子甚至流血;她穿白色连衣裙,

情景 10
对他人很宽容，对自己很苛刻

保持端庄的淑女姿态。大到人生抉择，小到穿衣打扮，苏苏没有任何选择权和决策权，有的只是无条件执行。

苏苏是一个"兰花型儿童"，生活在压抑的单亲家庭中，她要接受来自母亲的各种情绪和压力，还要背负不被理解和共情的痛苦。在先天因素与后天环境的综合作用下，苏苏渐渐地患上了心理障碍。在感到焦虑和愤怒时，她会疯狂地进食；暴食之后，又会憎恨毫无控制力的自己，因为害怕发胖，便以抠吐的方式来缓解这种不适，找回心理平衡。

妈妈并没有意识到自己的所作所为给苏苏造成的伤害，她在遭遇丈夫的抛弃后，一直希望让女儿过上自己理想的人生，避免重蹈她的覆辙。一旦女儿不遵守她的命令和要求，她就会感到愤怒，甚至对女儿动手，而后又感到懊悔，声泪俱下地说："我这么做都是为你好……"

苏苏的妈妈经营着一家美容院。她在事业上很要强，每天出门前都会对着镜子勉强地挤出一个微笑。她总是暗示自己说："我必须精神饱满，必须展示出自信和坚强。"她潜意识里认为，沮丧是不对的，消极是不好的，脆弱是会被人嘲笑的。

这样的一对母女，令人心疼，也令人唏嘘。她们有各自的心理症结，若要彻底解开，还有很长的路要走。在现实生活中，"绝对"和"必须"这样的信念经常会把人推进死胡同，因为它是一种硬性要求，没有弹性，只允许事物存在一种可能性。

⚡ 打破诅咒 | 用"可以"替代"必须"

生活中没有那么多"必须"的事，尤其是道德和法律之外的许多问题。这个词语不会给我们带来更高的成就，反而会榨干我们的能量。如果你的生活中也被大量的"必须"侵占，请你试着把它们删除，替换成另外一个词语——"可以"。

"可以"，代表你有权利、有能力和义务去选择做什么，什么时候做。"可以"比"必须"更加自主，你不用强调自己一定要做什么，你完全可以在了解潜在的选择之后，抛弃自责和内疚的影响，去判断哪些想法是最适合自己的。

> 做与不做，全凭我做主，这感觉可真美妙！

情景 10
对他人很宽容，对自己很苛刻

退出"必须"程序，回到生活最原始的桌面上，上班工作、读书写字、休闲娱乐，甚至拿出一段时间什么事情都不做，你都"可以"选择。如果这件事目前对你来说有些困难，你不妨借助"删除必须思维"的练习，帮助自己逐渐做出调整和改变。

第一步：扪心自问。

○为什么我认为自己"必须"做某些事情？

○是谁掌控着指挥权？

○如果我没有做那些自认为"必须"的事会怎么样？

在这个过程中，你可能会认识到，真正强迫你的人是自己，是你认为自己有义务去做某些事。除了法律法规、伦理道德要求的事情，生活中没有任何必须去做的事，你所认为的"必须"多半是自己强加的限制。

第二步：深入思考。

○我是怎样允许这种想法产生的？

○影响我的根深蒂固的信念是什么？

○从什么时候、什么事件开始，我产生了这样的想法？

在这个过程中，你可能会发现，过往的那些事情导致你产生了不合理的信念。

第三步：练习说"不"。

当你的脑海里冒出"必须"的念头，或是别人在这样说的时候，你要有所觉察，并且试着对这件事说"不"，告诉自己没有绝对必须的事情。

在这个过程中，你可能会遇到一些困难，比如：没办法对某件事情说"不"，因为不做这件事的话，你可能会更加焦虑。面对这样的情况，不妨告诉自己：我已经认同它了。这样的话，你在做这件事时就会减少不甘和抵触情绪。

第四步：替代"必须"。

用其他词语替代"必须"，如可能、也许、想要/不想要、更喜欢/不喜欢、偶尔、决定要/不要、愿意等。

在这个过程中，你会发现，很多事情不是绝对的，它有诸多的可能性，而你也有选择权。在灵活地表达想法时，你也能够更加明晰自己的感受和需求。